U0197786

八闽食记

许晓春　杨炜峰——著

团结出版社

© 团结出版社，2024 年

图书在版编目（CIP）数据

八闽食记 / 许晓春，杨炜峰著 . -- 北京 : 团结出版社，2024. 8. --（食尚民国）. -- ISBN 978-7-5234-1007-3

Ⅰ. TS971.202.57

中国国家版本馆 CIP 数据核字第 2024ZA2245 号

责任编辑：伍容萱
封面设计：阳洪燕

出　版：团结出版社
（北京市东城区东皇城根南街 84 号　邮编：100006）
电　话：（010）65228880　65244790（出版社）
（010）65238766　85113874　65133603（发行部）
（010）65133603（邮购）
网　址：http://www.tjpress.com
E-mail：zb65244790@vip.163.com
经　销：全国新华书店
印　装：三河市东方印刷有限公司

开　本：146mm × 210mm　32 开
印　张：10.25　　字　数：189 千字
版　次：2024 年 8 月　第 1 版　　印　次：2024 年 8 月　第 1 次印刷

书　号：978-7-5234-1007-3
定　价：48.00 元
（版权所属，盗版必究）

在闽味的时空重逢（代序）

福建，中国唯一一个名字带“福”的省份，在这里，人们的舌尖之“福”，有着山与海的交融与共鸣，闽菜之“鲜活醇厚，汤纳百味”，也在中国诸大菜系中，拥有着属于自己的美食谱系和独特标签。

“八闽”之称谓，始于宋朝的“一府五州二军”建构，而八闽大地的美食之源，自唐宋时期起，一面是古人视为畏途的“蛮荒之地”的未开发宝藏，一面又在自然的蓬勃野性和人文的繁衍开化之中，不断找到越来越妥帖的闽味表达范式。

当时光进入20世纪，中国与世界以一种前所未有的方式碰撞、接轨，使得民国时期的福建，进入了更加复合的变革年代，闽菜真正的高光时刻由此开启。自清末“五口通商”始，闽地文化、海洋文化、海丝文化、华侨文化以及中西交融文化的综合作用，映射在一百多年来八闽大地的一部部大“食”光和一帧帧小“食”记中，幻化出真切又迷人的风情和风味。

近代以来，闽菜在中国的崛起与大时代的背景息息相关，这其中既有机缘，又有必然。清末而至民国，作为沿海省份，福建是最早感受到世界潮流冲击气息之地，而随着国人的临变而起的奋发图强，闽籍政商及文化名人辈出，于大时代舞台上纵横捭阖，此谓之时代的机缘；而福建自中国古代“海上丝绸之路”征程中舟楫往来的久远历史，使得闽籍华人华侨有充足的时空“积淀”，在时代机缘到来时，以极大的能量反哺家乡的发展，这则是一种必然。

饮食文化作为一个文化“分支”，是中华传统大文化的重要组成部分，一日三餐，往往能因小见大，折射出别具一格的时代人文画卷。每一个菜系的饮食文化，在不同的历史阶段，反映的也正是这一系列社会变革和地域文化交融的交互。

因此，本书的编撰，希望为福建百余年来的饮食文化历史源流与流变立一部时光传记，通过一系列鲜活生动的时代名人、往事与八闽美食发展宏大或细微的“链接”，铺展开晚清和近代福建、经济、商业、社会与人文发展的画卷；同时，也希望对于全面研究福建八闽大地近代以来的饮食文化史，对于考证和探究福建与台湾的同根同源、福建与东南亚华侨华人的“海丝”渊源，起到一定的借鉴作用。

考虑到广大读者的阅读习惯，本书分为24篇随笔文章，以专业的历史文献考证、解读为基础，同时力求雅俗共赏，让读者从福建近代鲜活的人物与饮食文化故事中，尽可能探寻到历史的纵深感和文化的“颗粒度”。

在这24篇随笔中，读者诸君可以看到“闽菜之王”佛跳墙、闽菜“明珠”鸡汤汆海蚌的传奇肇始，“天下第一素宴”南普陀素菜的时光绵延，厦门大学抗战岁月里舌尖与时代的同频，也可以看到一段恢宏福建船政史和海军外交史中的岁月留痕，一个庞大商业家族团圆家宴里的风起云涌；

循着时光的线索，我们也可以一同追寻孙中山、林徽因、冰心、郁达夫、郑振铎、陈衍在榕城的闽味意趣，感受鲁迅、林语堂、顾颉刚、蔡元培、许地山、李叔同、丰子恺的鹭岛余味，徜徉于余光中最忆的泉州乡愁、汪曾祺的漳州食缘、陈嘉庚在南洋与福建的一生食事与情怀；

或许，我们还可以从中采撷闽江两岸的茉莉香，遥听渐行渐远的闽南古早市声，再共同走进百年闽菜老菜谱里的“清明上河图”……

而正如文史学者周松芳先生在《民国闽菜出闽记》里所论述：“民国时期，由于生产力包括交通运输能力的发展，人员流动的增加，加之抗战等特殊情形下的人口播迁，跨区域饮食市场逐渐形成……闽菜也一度流行各地，特别是在北京和上海，一度领先川菜和粤菜。”

民国时期闽菜走出去的“外向型”发展，反映的亦是福建经济和人文发展的高光时刻。因此，本书中的《华筵南菜盛当时——闽菜的“京华盛世”》《却成迁客播芳馨——闽菜的“沪漂”往事》

等，据此进行了翔实考证，将晚清至民国时期盛行京沪的闽菜“高光”往事做进一步全面的展现。

当然，凡为“史”者，亦当以史鉴今，史料和文献是珍贵的，而对于它们的解读，也更需要与当下的发展相融合，才更有蓬勃的生命力。所以，本书关于清末至民国饮食文化的源流梳理和人文讲述，既是近代八闽社会经济、文化发展和商业文明的表征，也希望有助于启迪和推动当下的饮食文化、产业的新潮向，让悠久的闽菜饮食历史文化更好地赋能当下。

如今，八闽的饮食文化凭借自身的独特魅力，经由不断传承与创新，已经成为一张烫金的“美味”名片，对于百余年来福建饮食人文的梳理和阐扬，在当今的新文旅时代，相信也是八闽城市文化建设和文旅品牌的重要渊薮，是城市文化建设和传统文脉传承弘扬的应有之义。

近年来，福建全省以及主要城市陆续出台了关于“新闽菜”发展的行动方案，不断推动闽菜“出闽”“出海”，成为“一带一路”倡议的重要组成部分。当此之际，我们回望民国往事，并从中寻找当年菜系、菜肴、厨艺、食俗等沿革过程的历史印记，也必将从这些长期传承和积累的过程中，找到滋养新闽菜发展的土壤与养分，循着百年来政治、经济和人文发展的脉络，于寻光寻踪寻味中，进一步擦亮新闽菜的时代品牌。

时光荏苒，精华万千，世事跌宕，流变无数，那些曾经抚慰过我们先人的美食，如今安在？食材、技艺、人情、风俗，离合悲欢，人间烟火，历史风云与时代迭进，让百余年来闽地闽菜过往之种种，既有传承，也有湮没。然而，我们的舌尖总会顽强地印记下那些三餐四季、一粥一饭里，不会被轻易忘却和改变的味觉“密码”。

赓续中华传统文脉，进行创造性转化和创新性发展，于饮食文化，同样是一个激动人心又亲切可感的时代命题。或许，本书能够提供的，依然是关于时光和传承的舌尖“索引”，更愿与每一位热爱中华饮食文化、热爱八闽美食文化的同行者一道，循历史之脉，写时代华章。如此，则何其幸哉。

当书页被翻开，时间和空间将被再次重合于你执着的味蕾，八闽山与海的滋味，也将在故事里跨越千山万水穿越而来，与你重逢。

目　录

佛跳墙之大气，
在中国各大菜系的菜谱中确实称得上佼佼者。
数十种高档食材装在一坛中，经高汤与黄酒的催化，
在一个奥妙无穷的“煨”字中，
淋漓尽致地体现了林则徐所言闽人精神“海纳百川，
有容乃大”之精髓。
在与闽菜文化相关的往事里，
这类由极其丰富的食材同烩一锅而组成的传世作品，
是一个庞大的谱系，大菜小点，各异其趣，
但都极具盛情之意。

坛启荤香飘四邻 佛闻弃禅跳墙来
——“佛跳墙”封神之路

坊间传闻的故事通常是这样的：在某个大户人家，当一大坛汇集了山珍与海味的佳肴第一次掀开盖子时，那浓郁到醉人的香气，让四邻六里的鼻子都瞬间惊艳了，就连隔壁寺院里修行未深的小和尚，也忍不住翻墙过来，要感受一下这令人难以拒绝的美味。

“坛启荤香飘四邻，佛闻弃禅跳墙来。”佛跳墙这道公认的“闽

佛跳墙

菜之王”，是有着这么两句家喻户晓的宣传语，于是人们很容易脑补出上面的场景。毕竟，在中国浩如烟海的各菜系名菜当中，有着这般动感名字的大菜，着实不多。

佛跳墙的“三级跳”

说到佛跳墙，就不能不说到闽菜著名菜馆聚春园。在强祖淦、金醒斋、邓浤昌三位聚春园老人写的《聚春园旧忆》中，对于这道菜的由来有着详细的回忆。

清末，一场福州官场的宴饮上，有位姓钱的内眷主厨，别出心裁地端出一道大锅菜（福州人称为“大品钴”），里面有整只鸡鸭、成排鱼翅、刺参和鲍鱼，其间还杂置着鱼唇、蹄爪、鸽蛋和羊肘等。这道菜不但色调多彩，气味更是芳香扑鼻，且火候透烂，入口即化。

时任福建布政使的周莲也在赴宴的宾客之中，他是个有心人，看到这道“平生罕尝的美馔”，心里一动，过了些天，就找来这位姓钱的内眷主厨操办自己的一个宴会，并让自己家的内厨郑春发协助。

春发受命后，对于这份美馔的烹制过程，从头到尾悉心观察，对主料的配制与火候的掌握更是留意，默记在心，于周莲宴客时，如法炮制，座客莫不称美。

郑春发并不以此为是，对此菜的煨制不断加以改进，用料多用海鲜，少用肉类，使味道愈见鲜美。同时更精于洗涤、浸发、剁切等操作工序，烹煮方法也有所改进。先以大火烧沸原汤，继而将各味装入绍兴酒坛，后再加入鲜汤，将坛口密封，移置文火上慢慢煨炖，至鲜汤将煨干时，再揭开封口，加入第一批配料与鸡汤，仍密封续煨。

此菜经多次改良，成了聚春园的名牌菜，取名为福寿全。

根据这个回忆，佛跳墙的名字原来叫作“福寿全”。刘立身先生在《闽菜史谈》中考证说，它在成为聚春园招牌菜后，当时福州的文人按这三个字的福州话谐音，将其改称“佛跳墙”。一个几可称为“点石成金”的改名，也衍生了那两句广为人知的宣传语，这可称为其关键“第一跳”。

与佛跳墙起源有关的两个人，一个是周莲，另一个是郑春发。周莲祖籍贵州省，出生于江苏如皋，历任福建兴泉永道台、福建按察使、福建布政使等职。郑春发则是在周莲的福建按察使任上开始成为其衙厨，深得其信任，并随其一路“升迁”。

郑春发是福建福清人，11岁就到福州市东街口源春馆学厨艺，由于勤恳好学，很快学得一手闽菜烹饪好手艺，由此进入了官员的衙厨行列。衙厨一般都是多面手，也比较不受行规所约，在周莲的支持下，郑春发盘下福州的三友斋，开始了聚春园的创业历程。

佛跳墙在闽菜中的声名鹊起，正好经历了清末至民国变迁的历史时期。由郑春发往下，聚春园的手艺经几代传承，一直到新中国成立后，又迎来了具有里程碑意义的“第二跳”。

20世纪80年代，佛跳墙正式进京。1986年10月，英国女王伊丽莎白二世访华，佛跳墙与此前作为国宴主流菜系的淮扬菜一起，进入午宴菜单。伊丽莎白女王尝了这道菜以后，又发现菜名很有意思，听中方人员介绍了由来之后，笑容满面地说：“那我们更要多吃一些！”后来，在美国总统老布什等人访华的国宴菜单上，也都能见到佛跳墙的身影。

不过，如果按传统做法整坛上席，从礼仪、格调上与国宴招待不相符。因此，当时进京做菜的强木根、强曲曲等闽菜大厨，又在烹饪业同人协助下，对佛跳墙进行了一次改革，在不改变传统烹制技术的前提下略作调整，分成小坛即位上席，如今盛行的小坛佛跳墙便由此而来。作为享誉中国烹饪界的“闽菜双强”，强木根、强曲曲是堂兄弟，其叔祖强伯意和伯父强祖淦、强祖铿都曾是聚春园的大厨，强氏家族几代人，与聚春园和佛跳墙可谓情缘深厚，也是闽菜界佳话一桩。

属于佛跳墙的“第三跳”，应该是其以国家级非物质文化遗产的身份，走出福建，风靡全国，而它的技艺传承者们，则通过各自的努力，让“闽菜之王”的王者风度与时俱进。比如，1990年，闽菜大师林水俤在参加一次重要比赛时，带上了有弥勒佛造型的小坛，竟意外地与人们所期待的佛跳墙范儿拉近了距离，成为如今佛跳墙的主要器皿范式之一。

作为聚春园佛跳墙制作技艺第七代传人、国家级非遗传承人的闽菜大师罗世伟，在担任聚春园总厨师长期间，与厨师团队共同制订了佛跳墙量化标准和佛跳墙系列标准，使这道用料极丰富、做工极繁复的大菜，在口味稳定性上“稳”住了——“闻之荤香浓郁，食之清淡精细”，这样一句话，说起来容易，背后的文章则已经有了一套精细的量化标准。

小坛成为如今佛跳墙的主要器皿之一

现代人的舌尖与百年前相比，也应有所不同，聚春园佛跳墙制作技艺第八代传人杨伟华在保持古早风味的同时，在食材上加以改进，推出平民化的坛烧八味、素食为主的罗汉佛跳墙等，使佛跳墙家族进一步壮大。

除了纵向传承，自民国以降，除了聚春园之外，佛跳墙也经由各知名闽菜馆合力，代代传承，推陈出新，以超级大菜的姿态在中国名菜谱上经久飘香，而至封神。

聚多冠盖 春满壶觞

回到佛跳墙面世的年代，回到郑春发时代的聚春园，或许郑大厨不会想到，一道菜与一家馆子，能够这样地彼此成就，以至于成为跨越时空的闽菜传奇。

清同治四年（1865），福州东街口，原来的三友斋的招牌被换下，挂上了“聚春茶园”的牌子，第二年，人们发现，牌子上的“茶”字也被拿掉了。开业一年来，凭借着郑春发的好手艺，加上其特殊的官商背景，聚春园已经在福州的餐饮业界牢牢占据了一席之地。

福建布政使周莲对此自然出力不少，光绪年间，他更是亲自书写“聚春园”三个大字作为横匾；当时著名的书法家甘联灏题了一副冠顶楹联——“聚多冠盖，春满壶觞”，成为聚春园字号文化的诗意诠释；更有诗意的一副对联，则来自溥仪的老师陈宝琛，其联曰：“半夜丝桐弹霁月，一樽竹叶醉春风。”

陈宝琛是福州人，光绪年间因中法战争荐人不力，加之因直言冒犯了慈禧，遂由内阁学士、礼部侍郎连降九级，在福州老家赋闲达25年之久。陈宝琛不以去官为念，在家乡兴办教育事业，还为兴办福建第一条官办铁路——漳厦铁路奔走，远赴南洋筹款，并被推举为该铁路的第一任总理。陈因此在闽地素有名望，聚春园也成为他小酌或宴客的好所在，这副对联正是他当年豁达心境的一种写照。宣统皇帝登基后，陈宝琛再次奉召进京，成为帝师。后来溥仪想当伪满洲国皇帝，陈不顾年迈，冒死赴东北劝谏未果，溥仪说他

“忠心可嘉，迂腐不堪”，但闽人谓之有大气节。

为聚春园题字题匾者，都不是一般人，由此也可见其在福州业界的地位。聚春园属闽菜的“广行”，店堂装修气派，陈设讲究，官场宴请为其主要业务。在郑春发执掌时期，聚春园共有五厅一堂，分两侧，另有做散客生意的二层小楼一幢。五个厅均辟为雅座，最大的一个厅叫“洋花厅”；一堂则特指大礼堂，专供寿庆婚典之用。

郑春发极有生意头脑，推出了上门为私家宴请提供烹饪服务的业务，称为“出杠”，也就是现在说的“外烩”，陈宝琛就是当时的出杠大客户。清末至民国初，聚春园还曾经出售一种席票，就是带有礼券性质的有价票券，分满汉席、鱼翅席、燕窝席、鱼唇席四种，用于官场、社交场馈赠，这个席票甚至流转于北京、天津、上海、广州等地，可见聚春园的影响力之大。

不过，到了20世纪20年代末，由于战乱频仍，国内经济滑坡，聚春园的生意也受到影响。继郑春发之后接掌聚春园的邓世端，绞尽脑汁采取了很多措施，比如将二层小楼的一层辟为经济小吃普通座，吸引更多客人来消费。虽说是普通菜，菜肴却仍然雅致，有三味鸡、二味草、荤素烩等热菜，冷碟则有炸蹄、醉蟹、糟鳗、磨笋“四碟仔”。楼上辟为小食部，也卖一般酒菜，通过这种薄利多销的调整，保持了可观的营业收入。邓世端再接再厉，特聘上海西餐名

福州便覽　卷四食宿游覽　(135)

卷四食宿游覽

第一 飲食店

福州的菜館

福州的菜館，規模不大，閩菜最著名的菜館，要算是：宣政路（即雙門前）的聚春園，其次便是南軒；西餐最著名的菜館，是南台田墩的嘉賓；專備粵菜的菜館，從前有下南路的廣州第一樓，此外南街的馬玉山、粵點也很著名。南台蒼霞洲青年會的「定食」，五角錢一份，兩碟菜，一碗湯，飯管飽，但是不能在那裏喝酒，因為教會是禁酒的地方，福州飲食店，大約分為三等，一等菜館，中菜西餐都有；二等菜館，只有中菜；三等菜館，因為兼賣零碎食物，人們把牠叫做「清湯店」，牠的菜價比一二等菜館，却是便宜些，但是地點不適中，招待也不大好。

菜館

△一等菜館十家：聚春園在宣政路，電話四八五八，南軒在上南路，電話四八

1934年《福州便览》上提及聚春园为当时闽菜最著名的菜馆

厨，推出每份价格一至三元的西餐，一些赶时髦的阔少小姐纷至沓来，颇是红火了一阵。此外，还推出四个分档的“和菜”业务，价格从六角钱至四五元不等，更加贴近大众。

除了佛跳墙之外，聚春园的诸多菜肴都成为闽菜中的经典，如鸡汤汆海蚌、灵芝恋玉蝉、荷包鱼翅、红糟醉香鸡、鸡茸金丝笋、雪山潭虾等都名噪一时，且大都传承至今。

后来，邓世端又推出了“每周推荐一菜”的新玩法，著名的全折瓜等名菜就是这时期面世的。全折瓜，又称“全节瓜”，据传其

灵感源于西汉苏武全节归汉的故事。这个“瓜”，其实是黄花鱼，福州人称其为“黄瓜鱼”。后来，这道菜在福州的传统宴席上还演变出一种特别的食俗，就是客人常常不动箸，保持全鱼全须全尾地回馈给主人。

1922年，直皖战争爆发。10月，闽北镇守使王永泉率部南下进入福州，汪精卫召开福州各界公民大会，决议由王永泉任福建总司令。这位新任总司令到聚春园吃饭，邓世端就特别做了全折瓜让他品尝。

在鱼身两侧剞上斜刀，用干淀粉敷匀鱼体，下油锅炸至色泽金黄，盛入大腰盘，撒上胡椒粉，浇上用肥肉、冬笋、香菇、辣椒丝、葱段、番茄酱以及酱油、白糖、醋、骨汤煮成的薄芡，再淋上芝麻油上桌。外酥里嫩，酸甜可口，王永泉吃得很是满意。邓世端又对他说，这道菜有头有尾，好头好尾，是非常吉利的好兆头。王永泉听了更是欢喜，从此只要来聚春园，就必吃这道菜，全折瓜也因此一度拥有不亚于佛跳墙的点单率，不过论段位，自然还是后者更胜。

“煨”中的大时代小生活

佛跳墙之大气，在中国各大菜系的菜谱中确实称得上佼佼者。数十种高档食材装在一坛中，经高汤与黄酒的催化，在一个奥妙无

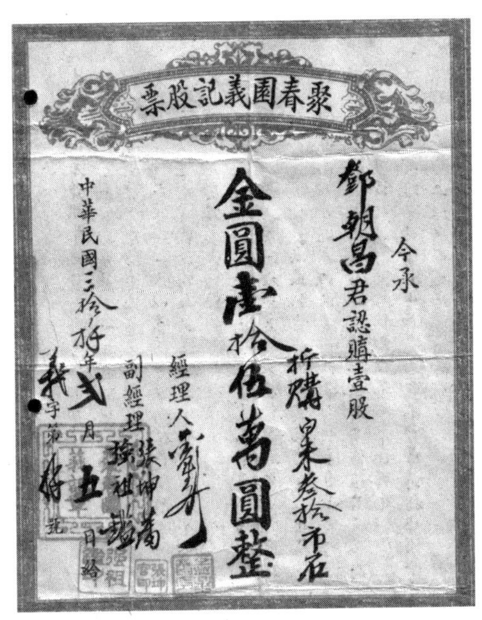
聚春園義記股票

今承
鄭朝昌君認購壹股
金圓壹拾伍萬圓整
經理人
副經理
中華民國三拾柒年　月五日給
義字第　號

民国聚春园义记股票图影

穷的“煨”字中，淋漓尽致地体现了林则徐所言闽人精神“海纳百川，有容乃大”之精髓。

传统的佛跳墙有18种主料，12种辅料，除了常见的食材如鸡、鸭、鲍鱼、鸭掌、鱼肚等之外，更不乏鲍鱼、鱼翅、海参、干贝等高档食材，就连佐味调料也包括蚝油、盐、冰糖、加饭酒、姜、葱、老抽、生油、上汤等。不过，如果只是食材的堆砌，那远远不是佛跳墙所追求的境界。

《闽菜史谈》中，将佛跳墙的制作秘籍归纳为：一酒、二汤、三食材、四煨煲。

首先是酒。最早使用的是福建老酒中的半干型陈酿竹叶青，但因量少价高，后改用同属半干型的绍兴老酒。福建老酒历史悠久，苏东坡诗中就有“夜倾闽酒赤如丹”之句，李时珍《本草纲目》中称其为“红曲酒”。竹叶青则被列为福建老酒之首等，陈宝琛所撰之联中的“一樽竹叶”指的就是它。

其次是汤。烹饪技艺上有句行话叫作“唱戏靠腔，烹饪靠汤”，而闽菜的制汤行话更称“有鸡汤清，有鸭汤香，有肚汤白”。传统的佛跳墙，主要用清汤与高汤相配。

再次是食材。除了前面说到的各色食材，包括鳖裙、瑶柱、鸽子蛋等在佛跳墙中也各有其妙用。

最后就是烹制。原辅食材经过泡发、剁切、制汤，再进行分煨、合煨，始成一坛佛跳墙。其间烹饪流程复杂，煮、氽、蒸、煸、煨各种技法通通用上，耗时长且火候管控严格，堪称心血之作。

当年郑春发推出这道菜时，也很别出心裁，整坛佛跳墙摆上桌时，再加摆六碟菜肴，分别为糖酥核桃仁、淡糟香螺片、糖醋萝卜蜇、蟳肉冬瓜茸、芽心酥干贝、冬菇豌豆苗；还有两道点心，是芝麻烧饼和银丝卷；最后还有一盅冰糖燕窝甜汤。这样加起来是十道菜肴，正合其原名“福寿全”的十全十美之意。

不仅如此，郑春发还将食材分煨后留下的高汤，再加上各种原料煨制成坛烧八味或坛烧五味，成为佛跳墙的衍生菜肴。老福州人后来常说：有钱吃佛跳墙，没钱吃坛烧八。根据最早钱氏内眷大品钴的烹制方法，郑春发还创制出叫作“一品钴”的菜肴，其主料也有十几种，在用酒的量和煨制方法上与佛跳墙有所不同，另有其风味。

佛跳墙、坛烧八味、一品钴，成为民国时期聚春园的三大名牌菜肴。说起来，在与闽菜文化相关的往事里，这类由极其丰富的食材同烩一锅而组成的传世作品，是一个庞大的谱系。清末美国大白舰队访问厦门时，其菜单上出镜率最高的李公杂碎，尽管不是纯粹的闽菜，但其被时任海军提督的福州人萨镇冰看中，正是由于用料多而足，极具盛情之感，可谓异曲同工。

大菜如此，民间小吃也不例外。福建漳州与广东交界的诏安县，有一道名为“猫仔粥”的食材繁多的海鲜粥品，也有此意趣。相传早年间诏安本地一个大户人家，饮食极奢，厨娘便常将没有吃完的各色海鲜和米饭偷偷打包回家给小孩吃，有一次被主人发现，责问之，厨娘赶紧解释，这是给猫儿吃的，主人信以为真。后来，这道烩入了各种海鲜的鲜粥就被叫作“猫仔粥”，当地人则一定要以剩饭来煮，其实就是煮至刚好筋道的米饭。

与福建一水之隔的台湾，将这种意趣带到了海峡对岸。在连横先生的《雅言》中就曾提道：“跳墙佛（佛跳墙），佳馔也；名甚奇，味甚美……台湾亦有此馔，稻江杨仲佐氏尤善调饪。”1912年至1940年间，台湾的江山楼、蓬莱阁、醉仙楼、宝美楼等盛极一时，连横作为当时名士，就经常收到这些馆子馈赠的佛跳墙。连横的外孙女、台湾文学家林文月曾回忆说：“江山楼闽南菜烧得入味，连雅堂（连横）也最中意江山楼……每回连雅堂与朋友到江山楼，吴江山都亲自下厨，非但如此，逢年过节，甚至平常时候，都会请人送一盅佛跳墙或家常芋头糕，聊表心意。”

跟着外祖父吃多了佛跳墙，林文月自己也试着动手烹制，居然做成了拿手菜，她也不由感慨道：“有些甜美的记忆都是永不褪色的，舌上美味之内，实藏有可以回味的许多往事。”

梁实秋有一篇标题就叫《佛跳墙》的文章，也说到了佛跳墙当年在台湾的情状：“《青年战士报》有一位郑木金先生写过一篇《油画家杨三郎祖传菜名闻艺坛——佛跳墙耐人寻味》，他大致说：‘传自福州的佛跳墙……在台北各大餐馆正宗的佛跳墙已经品尝不到了……偶尔在一般乡间家庭的喜筵里也会出现此道台湾名菜，大部以芋头、鱼皮、排骨、金针菇为主要配料。其实源自福州的佛跳墙，配料极其珍贵。杨太太许玉燕花了十多天闲工夫才能做成的这道菜，有海参、猪蹄筋、红枣、鱼刺、鱼皮、栗子、香菇、蹄膀筋肉等十种昂贵的配料，先熬鸡汁，再将去肉的鸡汁和这些配料予以慢工出细活的好几遍煮法，前后计时将近两星期……已不再是原有的各种不同味道，而合为一味。香醇甘美，齿颊留香，两三天仍回味无穷。’这样说来，佛跳墙好像就是一锅煮得稀巴烂的高级大杂烩了。”

按梁实秋的说法，台湾的乡间喜宴也有佛跳墙，但显而易见是简易版的。倒是他提到的油画家杨三郎和他的太太，很有可能是迁台的福州人，用了十多天“闲工夫”才做出原汁原味的佛跳墙，倒真是保持了这道菜烹饪中最正宗的“工夫”。

爱鼓捣吃的梁实秋先生，后来自己用他所谓的“电慢锅”也试着做一做，不过，看来他并没有林文月的耐心和手艺，煨来煨去，只煨成过一道红烧肉。但他依然自鸣得意，觉得自己很成功，大言不惭地称其“近似佛跳墙”，这也算得上是佛跳墙文化在闽台播迁中的一段小小趣事了。

一道看起来简洁却又内涵丰富的汤菜，
能够在时光变迁中历久弥新，
征服一代代人挑剔的舌尖，
鸡汤汆海蚌的删繁就简，
既有闽菜大而化之的治汤精髓，
也有着不被时间所湮灭的情愫，
更是博大精深的中国烹饪文化和闽菜技巧传承的上善若水。

鸡汤汆海蚌
——“西施舌”与闽菜皇冠上的“明珠”

“这道菜我60年前吃过！”评委席上，一位戴着眼镜的清瘦老人突然激动地站起来说了这一句话，现场的评委和厨师一时都愣住了。老人继续说，那个时候，这道菜是皇帝的御厨做的，我陪同吃到，没想到今天又尝到了，真是太好了！

这是1983年的“全国第二届烹饪技术大赛”的评审现场，在这样的一场高规格的比赛中，作为评委，如此“失态”似乎不合常理。然而，如果你知道他的名字是爱新觉罗·溥杰，或许就不会觉得奇怪了。在他说的那个“60年前”，他作为仍享受短暂“优待”的清朝宗室成员，给自己的哥哥溥仪当伴读，跟着这个末代皇帝哥哥，阅尽当年的人间美味，自不在话下。

鸡汤汆海蚌

让溥杰激动万分的这道菜，叫作“鸡汤汆海蚌”，现场制作者是闽菜大师强木根。这道菜在当年的全国烹饪技术大赛上大出风头，不久便进入了国宴菜单。如果说佛跳墙是公认的“闽菜之王”，雄浑磅礴，那婉约动人的鸡汤汆海蚌则被称为“闽菜皇冠上的明珠”，也有人说，它就是当之无愧的“闽菜皇后”。

义序机场里的“最后午餐”

1949年夏的一天中午，正准备仓皇逃往台湾的蒋介石，坐在福州义序机场的餐桌旁，一道道闽菜美食次第上桌，其中也有这一道鸡汤汆海蚌。清鲜美味当前，然而蒋的心情复杂，只是拿起汤匙略作品尝，又对着身边陪同用餐的愁云满面的国民党大员们，言不由衷地说了些勉励的话。

鸡汤汆海蚌，无意中见证了蒋介石在中国大陆“最后的午餐”——午餐选在机场举行，可见其当时逃往台湾之急切。而料理这一桌午餐的，就是福州聚春园菜馆被紧急抽调“上门做菜”的厨师和跑堂们。

几天前，国民党福建省政府有关部门就通知聚春园，说是要在福州三角井畔野轩别墅举办重要宴会，这个别墅是当时省政府主席朱绍良的官邸。然而这个通知语焉不详，菜馆的人谁也不知道是举办什么宴会，更不知是为谁举办的，只是按要求认真备料和选派人手。

6月21日清晨，菜馆经理突然接到紧急通知，宴会改在义序机场举办。言语急切而严厉，聚春园自是不敢怠慢，派出分管前堂的股东副经理张立基，带领十几名厨师和跑堂，由政府派车将宴会所用的原材料、餐具送到机场。由于人多物料多，车子分几批出发，率先到机场的，是两名跑堂王孝彬和余依炎。

王孝彬后来回忆说，那天，他们坐着省政府的吉普车，一出市区，就看到从三叉街至义序机场，一路上三步一岗两步一哨，全都布满了军警。虽然聚春园承接政府宴席是家常便饭，但如此大之阵仗，还是让他们感到好生奇怪，但也不敢多问，到机场后，才被告知是接待蒋介石。等所有厨师和跑堂都到来，听到是这么一位大人物，就连见惯三教九流的闽菜名厨潘依雪，也不由得倒吸了一口凉气。

兹事体大，潘依雪定下心来，带领厨师们全神贯注开始工作。当时一共开席九桌，主桌设在里屋，其他在大厅。主桌上除了蒋介石，还有汤恩伯、朱绍良和陈延年（时任国民党福州兵团司令）以及四名高级军官，由最有经验的王孝彬和余依炎服务。

那时的场景，跟现在影视剧里皇宫用膳的样子很像——凡送进的每道菜肴，都要先由门口的副官先用一双银筷子插一下，再详细观察，不消说，就是检验是否有毒。一道道送进来的菜，餐具都不随便，全是由景德镇专为聚春园烧制的白底青花细瓷大中小盖碗，大的装主菜和汤菜，中的装炒菜，小的则装小食，都是上席时才由跑堂将盖子打开。

菜肴先上六味小碟，有酥核桃、醉素丝、鲍鱼脯、老豆腐等。大菜除了鸡汤氽海蚌外，还有扒烧荷包翅、葱白煨鹿筋、白烧开乌参、淡糟香螺片、清炒瓜鱼片、生炊红合蟳，基本都是正宗而经典的精华闽菜，而鸡汤氽海蚌依然是其中最为闪亮的一道大菜。

不过，用业内的行话来说，这餐宴会的菜路比较短，气氛相当紧张，蒋和各路大员们吃得很匆忙，也没有喝酒，午宴只用了一个多小时就草草结束了，也真是有些暴餮天物了。

这是蒋介石离开大陆前的最后几个小时，不知道，在他困守孤岛的那些日子里，会不会偶尔想起在福建的这最后一餐，又会心情复杂地回味些什么。

“擅治汤”背后的风味之源

正如每个人有每个人的回味，每个地域也都会有自己的风味之源。鸡汤汆海蚌作为一道汤菜，能够在名菜如云的闽菜序列里成为“皇冠上的明珠”，也有着一个菜系视野下的深厚渊源。

闽人擅治汤，这是很多美食家对于闽菜技艺的一致评价，闽菜宴席上，汤的分量也确实很重。究其原因，福建地区天气炎热的时间较长，通俗地理解，天热流汗多，而且容易上火，所以，喝汤既可以补充人体缺乏的水分，也可以经由汤品的精心调制，来平衡人体所流失的各种元素。

当然，在与福建相邻的广东，粤菜的治汤也独树一帜，只不过虽然是“邻居”，闽菜与粤菜对于汤的处理却大异其趣。传统粤菜宴席的汤，称为“老火靓汤”，即以文火通过较长时间熬制或炖制而成；而闽菜的汤，则可更广义地归为一种富于汤汁的菜了。

明代西方传教士门多萨写的《中华大帝国史》里，就曾由衷赞叹说，闽人“烧出很好喝的肉汤”。经年岁久，闽菜善于调汤的特质一直没有变，素有“重汤”“无汤不行”“一汤十变”“百汤百味”的说法。

刘立身先生在《闽菜史谈》中考证说，福建省会福州，地理位置得天独厚："西北控瓯剑，东南负大海。"闽江上游的山珍可沿江溯流而下，沿途时间很短，保鲜程度极高。与此同时，"海者，闽人之田"，福州距离海岸线的直线距离不过20千米，沿海海产富足，几乎是随手可得。这也难怪宋代的《三山志》里就把福州称作"久安无忧"的乐土了。门多萨在《中华大帝国史》里对福州的赞美也是不遗余力——"这座城市在全国是最富足和供应最好的"，"他们食物很好，十分丰盛，他们吃很多的猪肉，跟西班牙的羊肉一样好吃，一样有营养"……

闽菜食材中，海鲜和山珍类产品比重较大，对于强调质鲜味纯的菜系来说，在去除异味的同时，保有原材料的质鲜味美，甚至达成一定意义上的养生滋补之效，自然就是一个重要的命题。汤菜，正是解题的一把钥匙。

而鸡汤氽海蚌能在闽菜的汤菜中脱颖而出，则是食材与技艺的一种大道至简的结合。郁达夫在1936年写的《饮食男女在福州》一文中，对于这道菜的食材有这样的评价："福州的海蚌丰产于二、三月，其肥美要算来自长乐的蚌肉，色香味俱佳的神品就是海蚌的舌头部分。"他还说"以鸡汤煮之为宜"，这是说到技艺了，其中所提的"煮"，其实就是"氽"。

等等，海蚌怎么会有"舌头"，是不是郁达夫先生记错了？其实也不能说有错，因为海蚌自来就有一个雅号，名为“西施舌”。

北宋理学家吕本中有诗云：“海上凡鱼不识名，百千性命一杯羹。无端更号西施舌，重与儿曹起妄情。”这几句诗细看下来，故事感满满，以当时的捕捞条件，渔民为获得海蚌，看起来颇有九死一生的艰辛，而以理学闻名的这位诗人对于其被命名为“西施舌”，看起来也是很有些意见的。

不过，蚌肉白而长，又兼鲜而美，称为“西施舌”确不为过。同为宋朝人的王十朋在《梅溪集》中也有诗曰：“博物延陵有令孙，不因官冷作儒酸。珍庖自有西施舌，风味堪倍北海尊。”事实上，这两个人都曾在福建为官或从教，都亲自尝到西施舌羹，无论诗的立意如何，这汤的鲜美必定给他们留下了深刻的印象。

宋朝人文献中对海蚌的记载还有不少，北宋孙奕说：“福州岭口有蛤，闽人号其甘脆为西施舌。”南宋梁克家的《三山志》里也提道：“沙蛤出长乐，壳黑而薄，中有沙焉，故名，俗叫西施舌。”这是早期人们没有把蛤和蚌区隔开来的说法，其实蛤蚌身形不同，至少，后者的壳更为修长，才能容纳仪态万方的“西施舌”。

到了清朝，人们的舌尖也依然宠爱这些“舌”。李渔在《闲情偶寄》里就说：“海错之至美，人所艳羡而不得食者，为闽之‘西施舌’‘江瑶柱’二种。”言语间有一种食而不得的艳羡之感。

嘉庆四年（1799），正一品翰林李鼎元受命作为出使琉球国的副使，在《李鼎元使琉球记》一书中，记载了他到达福州并准备航行琉球的数十日里，天天有大型宴请，但其他菜并无记录，单单记下了闽浙总督宴请的一道菜肴："初食西施舌极鲜美，江珧柱次之。"如果李翰林有机会和李大美食家交流，想必可以向后者大大地炫耀一番了。

民国时期，梁实秋的《雅舍谈吃》中也有《西施舌》一文，写的是他在青岛吃过的西施舌："一大碗清汤，浮着一层尖尖的白白的东西，初不知为何物，主人曰是乃西施舌。"他还写道："高汤氽西施舌，盖仅取其舌状之水管部分。"这个制法和鸡汤氽海蚌类似，不过，善于雅吃的梁实秋先生，或许是第一次见到"西施舌"，其描述未免不雅而偏俗。

毕竟，真正好的海蚌实在不是寻常之物。它生长在海水与淡水的交汇处，壳薄色白，有深色横纹，其肉嫩且有弹性。据说全世界最高品质的海蚌，只出产于两处，一处是意大利水城威尼斯，另一处就是福建长乐的漳港。

当年蒋介石在福州义序机场吃到的鸡汤氽海蚌，用的也是漳港出产的海蚌。而在聚春园的史料中也有记载，早在1939年，蒋在南昌行营举行的某次宴会，就曾专点要"西施舌"，并电令福建省政府用专机将漳港海蚌空运南昌，聚春园承办这次任务，还因此发了一笔小财。这也难怪，蒋来到福州，聚春园也心领神会地安排了这道菜。

而郁达夫在《饮食男女在福州》中，也写到一则轶事，将自己的舌尖生津写得跃然纸上："听说从前有一位海军当局者，老母病剧，颇思乡味；远在千里外，欲得一蚌肉，以解死前一刻的渴慕，部长纯孝，就以飞机运蚌肉至都。从这一件轶事看来，也可想见这蚌肉的风味了；我这一回赶上福州，正及蚌肉上市的时候，所以红烧白煮，吃尽了几百个蚌，总算也是此生的豪举，特笔记此，聊志口福。"

汆法之中的上善若水

再来就要说说烹调技艺了，核心当然是一个字——汆。作为闽菜厨师赖以骄傲的看家技法之一，汆，指的是小型原料食材在沸汤中快速制熟的烹法，汆法在宋代就始见于相关文献，在全国主要菜系也都有运用，只是闽菜对于汆法的开发偏爱有加。

汆法在闽菜应用中有两种，一是纯汤菜，二是汆后再烹不带汤。鸡汤汆海蚌属于前者，其所用之汤尤为考究，用的是闽菜特有的三茸汤。在传统的制法上，是取老母鸡、带骨的猪里脊肉和牛肉三种原料，经过清炖、吸杂质、过滤等几道精细流程而成汤，看似汤清如水，实则滋味香醇。

汆制时，也不只是简单如字面上的"入水"，早年间最为讲究的一般要三遍。第一遍用清汤氽，使蚌肉断生，即为“飞水”；第二遍用少量三茸汤氽过，叫作“回汤”，目的是入味；第三遍是上席时，再用100℃的三茸汤在台面上当场氽入，蚌肉呈现既嫩又脆刚刚好的口感，妙不可言。

这样的制法，也正是体现了闽菜吊汤的特色和重要细节。闽菜专家刘立身评价说，鸡汤氽海蚌可称闽菜中的神品，虽然只有一个“阔约大指，长及二寸”的蚌肉和一小盅鸡汤，但它囊括了闽菜的清、淡、鲜、脆四大特色。想来亦然，三茸汤本身已经是集鸡、猪、牛肉的鲜味于一身的复合味鲜汤，氽入海蚌后，又进一步升华了肉类原料与海鲜原料的融合之鲜，乃至让人有醇和隽永之感。

上善若水，将汤做到如此境界，无怪乎作为闽菜汤菜重要代表的鸡汤氽海蚌能够登顶闽菜之巅。中华人民共和国成立后，这道菜多次亮相国宴，大放异彩。1984年，时任美国总统里根来华访问时，福建名厨强木根、强曲曲被特招进京，做的正是鸡汤氽海蚌和佛跳墙。此后，在招待英国首相撒切尔夫人、菲律宾总统阿基诺夫人、柬埔寨西哈努克亲王等国际要人时，鸡汤氽海蚌也成了标配。

那段时间，闽菜大师“双强”频频进京做菜，他们的弟子姚建明也随同前往，三个月内就做了三次国宴。此后的半个多世纪里，姚建明接过师父的衣钵，2020年，鸡汤氽海蚌制作技艺入选福州市非物质文化遗产代表性项目，姚建明成为这项技艺的传承人。2021

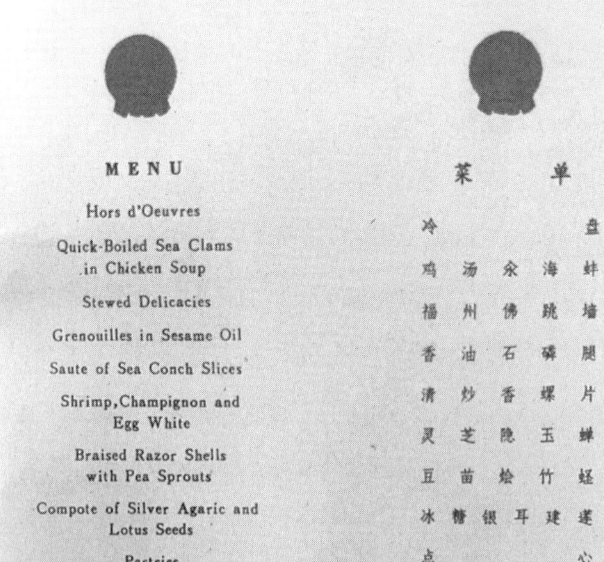

MENU

Hors d'Oeuvres

Quick-Boiled Sea Clams
in Chicken Soup

Stewed Delicacies

Grenouilles in Sesame Oil

Saute of Sea Conch Slices

Shrimp,Champignon and
Egg White

Braised Razor Shells
with Pea Sprouts

Compote of Silver Agaric and
Lotus Seeds

Pastries

Fruits

菜　单

冷　盘

鸡　汤　汆　海　蚌

福　州　佛　跳　墙

香　油　石　磷　腿

清　炒　香　螺　片

灵　芝　隐　玉　蝉

豆　苗　烩　竹　蛏

冰　糖　银　耳　建　莲

点　心

水　果

宴请里根总统国宴菜单

The menu of the banquet in honor of President Reagan

1984年宴请里根总统国宴菜单

年，鸡汤汆海蚌制作技艺入选第七批福建省级非物质文化遗产代表性名录。

如今，这项技艺在姚建明的弟子和福州的餐饮界中，继续被发扬光大，生生不息。福州文儒九号酒店的掌门人郭可文，常常在自己的短视频号上，以“讲食龙过山”为主题，饶有趣味地向人们讲述闽菜文化的传承人。“讲食龙过山”是福州的一句俗语，其意与闽南人的“吃饭皇帝大”大致相同，都是对美食文化的一种民间式的尊崇表达。

郭可文的视频内容特点就是，嗓门大，干货足，是福州人特有的豪爽劲儿，其中讲鸡汤汆海蚌的一期点击量更是创下新高。他的底气在于，文儒九号的大厨正是姚建明的弟子陈辉。

汆海蚌的制汤流程中，精心过滤是重要一步

与常常神采飞扬的老板不同，陈辉性格内敛，话不多。但每每有重要客人或者电视采访时，他也会边做边自豪地讲解：“一开始不要汆太久太熟，因为等一下滚烫的汤浇上去还要有个催熟的过程……”

说话间，手没有停，用捞勺

不断翻拌正在飞水的蚌肉，时间掌握要精确到秒，捞起装盅再浇上秘制之汤，保证上桌之时，一定还是那千年以来令无数人垂涎的“西施舌”最精确的口感与魅力。

世易时移，一道看起来简洁却又内涵丰富的汤菜，能够在时光变迁中历久弥新，征服一代代人挑剔的舌尖，也正是源于闽菜从业者对于自身菜系的文化自豪感，这种不被时间所湮灭的情愫，又何尝不是博大精深的中国烹饪文化和技巧传承的上善若水呢？

从1926年9月到达至次年1月离开，
鲁迅在厦门一共度过了135天。
虽然只有短短的四个多月，
却是鲁迅一生中相对轻松的时期，他在厦门的生活，
让他笔下流淌出更为愉悦轻松和温暖的烟火气。
尽管一开始有一点点对闽南饮食的“水土不服”，
但鲁迅很快开始了对这座南方小城的舌尖探寻，
一百多天的时间，
见诸日记、信件和“饭友”记录于笔端的文字，
足可勾勒出一幅活色生香的“美食地图”。

135天，鲁迅在厦门画下一张“美食地图”

“不必说碧绿的菜畦，光滑的石井栏，高大的皂荚树，紫红的桑葚；也不必说鸣蝉在树叶里长吟，肥胖的黄蜂伏在菜花上，轻捷地叫天子忽然从草间直窜向云霄里去了。单是周围的短短的泥墙根一带，就有无限趣味……”直到今天，《从百草园到三味书屋》都是许多学生可以倒背如流的名篇。然而鲁迅创作这篇经典散文时，

鲁迅在厦门期间留影

既不在他的“百草园”，也不在三味书屋，而是在厦门大学。

从1926年9月4日到达至次年1月16日离开，鲁迅在厦门一共度过了135天。虽然只有短短的四个多月，却是鲁迅一生中相对轻松的时期。暂时逃离了北京紧张的政治气氛，他在厦门的生活，让他笔下流淌出更为愉悦轻松和温暖的烟火气。

尽管一开始有一点点对闽南饮食的“水土不服”，但鲁迅很快开始了对这座南方小城的舌尖探寻，一百多天的时间，见诸他的日记、信件和“饭友”记录于笔端的文字，足可勾勒出一幅活色生香的“美食地图”。

闽菜馆子“走透透”

从鸦片战争之后的“五口通商”开始，到民国时期，厦门已成为中国东南重要的通商口岸之一，频繁的人员往来和商贸活动，使厦门餐饮业迅速发展。鲁迅在厦门大学的时期，厦门较大的各类菜馆就有一百多家，形成了闽菜为主，广东菜、京菜、台湾菜、素

民国时期中山路一带街景，当时新南轩等酒楼均集中于此

菜、西餐等多元并存的餐饮业格局。

彼时，各种风味的菜馆酒肆林立，名菜名点大量涌现——冠天酒楼的白斩鸡、全福楼的焖猪脚、双全酒家的炒面线、练江酒家的鸡茸鱼鳔、南轩的荷叶米粉肉、章记的虾面、乐琼林的烧卖、真好味的蚝仔煎、泰山口的韭菜盒，以及咖喱肉饭、沙茶烤肉等当时可以位列网红榜单的美食，简直可以编出一段厦门版的“报菜名儿”。

当时不少著名的闽菜馆，都曾是鲁迅的心头好，如南轩酒楼、东园、别有天、洞天酒楼等，而他的好友孙伏园，则以“饭友”的身份，陪着他到处觅食。比如，1926年11月，鲁迅与孙伏园出来买药、鞋帽和火酒后，便去了思明东路大名鼎鼎的南轩酒楼大快朵

鲁迅全集·日　记

八日　昙。上午得伏园信，三日发。寄漱园稿二篇又泉百，转交霁野[7]。汇寄三弟泉百廿，托以二十一元八角还北新书局。收京寓所寄衣服五件，被征去税泉三元五角。谢玉生邀赴中山中学[8]午餐，午后略演说。下午往鼓浪屿民钟报馆[9]晤李硕果、陈昌标及他社员三四人，少顷语堂、矛尘、顾颉刚、陈万里俱至，同至洞天夜饭。夜大风，乘舟归。雨。

九日　昙。上午寄漱园信。寄三弟信。寄淑卿信。午林梦琴饯行，至鼓浪屿午餐，同席十余人。下午得遇安信，十二月卅一日九江发。得漱园信，十二月廿九日发。得小峰信，卅日发。得三弟信，三日发。夜风。王珪孙、郝秉衡、丁丁山来。陈定谟来。毛瑞章来并赠茗八瓶，烟卷两合。

十日　昙。上午寄照象二张至京寓。得郑孝观信，六日福州发，午后复。下午同真吾、方仁往厦门市买箱子一个，五元。中山表一个，二元。《徐庾集》合印一部五本，《唐四名家集》一部四本，《五唐人诗集》一部五本，共泉四元四角。在别有天夜餐讫乘船归。夜心田及矛尘来并赠绰古辣[10]两包、酒一瓶、烟卷二合、柑子十枚。

十一日　昙。上午得景宋信二函，五及七日发。得季市信，四日发。得翟永坤信，十二月三十一日发。寄漱园信。午后往厦门市中国银行取款，因签名大纠葛，由商务印书馆作保始解[11]。买《穆天子传》一部一本，二角；《花间集》一部三本，八角。夜矛尘、丁山来。风。

十二日　晴。午后复翟永坤信。复季市信。寄广平信。寄三弟信并汇券一纸，计泉五百。得王衡信，四日发。得季野

2

1927年1月8日、9日
鲁迅在日记里提及鼓浪屿
两次夜饭

颐；同年12月，鲁迅也在日记里不厌其烦地记录，他和孙伏园在别有天午餐后，又花了七个大洋买了个皮箱。

当然，鲁迅的“饭友”肯定不止一个人。这年12月和次年1月，他曾两次到鼓浪屿的洞天酒楼吃饭，其中1月这一次，是与林语堂、川岛、顾颉刚、陈万里、李硕果等人在洞天“夜饭”，这也

是《民钟报》为其饯行的送别宴。尤为特别的是，宴毕坐船回厦大后，鲁迅很开心地收到了朋友寄给他的《阿Q正传》英文译本。

综合各项记载，鲁迅在洞天酒楼吃过的菜肴中，就有不少地道的闽菜——五香鸡卷、海蛎煎、红烧鱼唇、醋肉、白炒香螺、炒面线、封猪脚，以及花生汤、韭菜盒等小吃。其他闽菜馆的名菜名点，落肚的也自然不少，这让他渐渐适应了闽菜风味，并对他吃过的一些闽菜馆评价颇高，称其“饮馔颇佳”。而紧邻厦门大学的名刹南普陀里的素菜馆，亦是鲁迅和当年厦大教授圈经常参与或举办“正宴”的所在。

有一次，他还在日记里不厌其烦地详细记录道：“这里的酒席，是先上甜菜，中间咸菜，末后又上一碗甜菜，这就完了，并无饭及稀饭，我吃了几回，都是如此，听说这是厦门特别习惯，福州即不然。”

《两地书》里的闽南烟火

在厦大教书期间，正是鲁迅与许广平隔空热恋的时期。当时许广平在广州，几个月里两人往来书信多达83封，后来被汇编成著名的《两地书》。在信中，鲁迅对许广平的称呼花样繁多，如“广平兄”“景宋女士”等，另外还有一个两人专属的称呼，曰HM，即“害马”二字的拼音首字母，取“害群之马”之意，正是热恋中男女的亲昵之称。

许广平来信里最常见的内容，就是问他饭菜合不合品、身体胖了还是瘦了，而鲁迅的回信中，也因此不经意留下了许多颇具闽南烟火气的文字。刚到厦门不久，他便写信给许广平汇报："我已不喝酒了，饭是每餐一大碗（方底的碗，等于尖底碗的两碗）。"或许是为了更好地向爱人报告，他在日记中同步记录自己的各种生活细节，比如，1926年9月20日的日记，他就写道："这一星期以来，我对于本地更加习惯了，饭量照旧，这几天而且更能睡觉……此地的点心很好，鲜龙眼已吃过了，并不见佳，还是香蕉好。"

有一次，鲁迅开心地跟许广平说起自己去厦大附近一家小店买香蕉的趣事："我去买时，倘五个，那里的一个老婆子就要'吉格浑'，倘是十个，便要'能格浑'了。"他所说的"吉格浑"，就是闽南语"一角银"的音译，"能格浑"则是"二角银"。"银"即是"钱"，"一角银"就是"一毛钱"。普及闽南语发音之余，他还不忘开玩笑说："好在我的钱原是从厦门骗

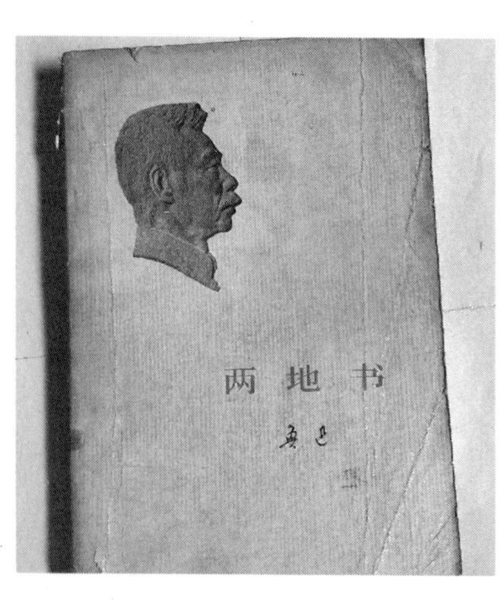

《两地书》书影

来的，拿出‘吉格浑’‘能格浑’去给厦门人，也不打紧。”

许广平则给鲁迅大力推荐广东的阳桃：“甚可口，厦门可有吗？该果五瓣，横断如星形，色黄绿。”正当鲁迅大为好奇时，许广平已经特意让到广州办事的孙伏园帮她带阳桃到厦门，鲁迅吃完虽然觉得味道并不十分好，然而还是说它“汁多可取，最好是那香气，出于各种水果之上”，字里行间满是甜蜜。

在爱情滋润中的鲁迅，似乎变得更加自律，其表现为：不再洗海水浴、不喝酒后游泳、不半夜寄信和发牢骚、停止吃青椒而改为胡椒，连烟卷也比之前少吸了，等等。因为他觉得，这些事会让他的HM担心。

只是许广平毕竟不在身边，吃的问题，他只能多元化地解决。除了上馆子或者请饭馆包饭，多数时候还是吃食堂饭菜，再不济，买点面包和罐头、牛肉充饥。偶尔苦闷无聊时，他会找来孙伏园，就着花生米，喝点绍兴黄酒，倒也另有一番乐趣。

而他认为自己做过的“一件很阔的事情”，就是把孙伏园视为宝贝的火腿拿来做了一次“料理”。好友川岛（章廷谦）曾经描述鲁迅制作清炖火腿的过程：“鲁迅先生因为伏园走时还留下一块火腿，就自己动手收拾好了，用干贝清炖，约我们去吃。吃的时节，大家蘸着胡椒，很好。”身为江浙人士，鲁迅倒也真是深谙火腿烹制方法，一边做还一边解说，干贝要小粒圆的才糯，炖火腿的汤，撇去浮油，功用和鱼肝油相仿。

除此之外，鲁迅对于吃点心也有特别的喜爱，这和他的文字工作都集中在午夜前后应该有关系。他尤其爱吃甜，沈兼士就曾经说过："先生有三个嗜好，吸烟、喝酒和吃糖。"鲁迅的好友们都知道其嗜甜，尤喜油炸的或有点硬度的甜品，川岛刚到厦门就给鲁迅带了二十包麻酥糖，而在鲁迅离开厦门之前，川岛、罗心田、毛瑞章等人也送了鲁迅许多食物，除了酥糖之外，也有鱼干、糟鹅、柑子等，当然也少不了作家都喜欢的茶和烟卷。

嗜甜的鲁迅先生，对厦门的点心总体还是比较满意的，不过他似乎需要和同样喜欢糖的蚂蚁多番斗智斗勇。他也在信中得意地跟许广平介绍亲自"研发"的防蚂蚁大法——比如，把糖放在碗里，然后把碗放在贮水的盘中，用四面围水的办法保证白糖的安全；又比如在水盘中放一个杯子，杯子上放着贮藏食物的箱子，如此，则可让蚂蚁无法飞渡。

后来，许广平还知道了鲁迅在厦大的斗猪的逸事。有一天，他在校园散步，看见有一头猪在吃相思树的叶子，不禁大为光火，在他看来，相思树的叶子不应该让猪吃，为此亲自下场与猪搏斗，把它赶跑，路人纷纷侧目，他却不以为意。路过的同事看见了，笑问先生为何与猪过不去，鲁迅掸掸长衫一笑，也并不作解释。

闽南食俗和饭局里的性情记忆

在这短短的几个月里，让鲁迅印象深刻的还有厦门的民俗、食俗与小吃。他到达厦门几天后，刚好遇上中秋节。在《两地书》里，他告诉许广平：“昨天中秋，有月，玉堂送来一筐月饼，大家分吃了，我吃了便睡，我近来睡得早了。”

玉堂，即林语堂，说起来，正是他大力举荐鲁迅来厦大任教。1925年，厦大正处在发展办学规模的时期，校长林文庆与校主陈嘉庚商榷后，决定广聘著名教授学者。第二年3月，北京发生震惊中外的“三一八”惨案，爱国学生遭军阀枪杀，时任北京师大教授兼教务长的林语堂，因支持学生爱国行动，与鲁迅等人都在北洋政府当局通缉之列。

林语堂在筹划离开北京前，暂避在好友林可胜家中，林可胜正是林文庆的儿子，他便向父亲举荐了林语堂。不久，林语堂便动身南下，接受厦门大学聘任，筹建厦大国学院。林语堂人脉关系不是一般的广，在他朋友式的感召和运作下，国学家沈兼士、古史学家顾颉刚、编辑家孙伏园、语言学家罗常培、哲学家张颐、中西交通史家张星烺、考古学家陈万里、作家章廷谦等一众知名教授都加盟厦大，这其中自然也包括鲁迅。这一下，厦大文科盛况空前，“一时颇有北大南迁的景象”，有人说，林语堂把半个北大搬到厦大来了。

赶上中秋佳节，身为闽南人的林语堂，自然要尽地主之谊。鲁迅在日记里说，林语堂除了“送一筐月饼予住在国学院中人”，还特意安排了“投子六枚多寡以博取之”的游戏，这便是厦门中秋特有的“博饼”民俗。

所谓博饼，即以六个骰子掷点数博状元饼，博得不同的点数分别获得从状元、对堂（榜眼）、三红（探花）、四进（进士）、二举（举人）、一秀（秀才）等大小不等的月饼，所以厦门的中秋月饼也称为“会饼”。对于第一次博饼的外乡人士来说，这一套周密而略显复杂的游戏规则，并不容易掌握，不过，在那一轮明朗的圆月之下，国学院楼里传出的阵阵骰子声和欢笑声，想来是和谐愉悦的。

小吃方面，或许最让鲁迅印象深刻的，是厦门的春饼，也称薄饼或润饼。在川岛的文字中，记录了1926年12月底，他和鲁迅到时任厦大总务长周辨明家中吃春饼的事情，可谓绘声绘色：

厦门的春饼是著名的……但一般餐馆中的吃法与家庭中的是有所不同的。

吃之前，鲁迅先生和我都并不晓得……后来主妇来了，春饼也来了，色白，甚薄，和我们在市上所见的所谓春饼皮是一样的，只是大了些，每张饼的直径约摸有一尺来大。由主妇包好了交给我们吃，其中作料很多，很好。

包的很大，我和鲁迅先生都只得用两只手捧着来吃，分左、右、中三次咬，才吃下一截去……当第三个比小枕头还要大的春卷送过来时，我们已经无能为力了，只好道谢。

川岛说，多年以后，鲁迅和他仍对这顿薄饼宴记忆犹新，他们都觉得，这样厚意而亲切的招待，不但“醉酒”而且“饱德”。尤其是比小枕头还要大的薄饼，确实是冬日里提前感受到的满满的春天味道。

厦大校园内的鲁迅塑像

离开厦门之前，鲁迅参加了很多场饯别会，有一些宴请是轻松愉悦的，而让他心情比较复杂的饯别，当属1927年1月13日的那一场。当天，林文庆校长在鼓浪屿最大的大东旅馆设宴，专程为鲁迅饯行，宴会规模不小，宾主有四十余人。只是席间林校长提到一项捐款事宜，鲁迅遂拿出小洋两角表示，“我捐二十仙”，这当然是他典型的反讽风格，校长还之，不肯收。

这个小插曲，让这顿欢送宴颇有点不欢而散的意思。几天后，鲁迅打点行装，急急地去广州和许广平团聚，只留下这135天里的那些日记和书信，那些关于闽南、关于厦大饮食往事的雪泥鸿爪，让后人自己评说与品味。

林语堂曾经向别人传授婚姻美满的秘籍：
"要把婚姻当饭吃，把爱情当点心吃。"
在林语堂于书房里"两脚踏东西文化，
一心评宇宙文章"的同时，妻子廖翠凤则像一家的"总司令"，
厨房是她当仁不让的活动中心，
她在那里几乎烹调了一辈子的福建大菜。
而妻子烧饭的时候，林语堂便化身为"廖翠凤迷"。
两人相伴将近一个甲子，在这数十年的光阴里，
婚姻当了饭吃，而饭也让他们平淡却又丰盛的婚姻，
在三餐四季之中，常常两情依依，开怀大笑。

林语堂与廖翠凤："把婚姻当饭吃"

鲁迅在厦门的时间不长，而这短短的一百多天，除了各种闽菜馆子的风味之外，让他印象最深的，应该还有林语堂家的"人间烟火"。在中国近现代文学史上，林语堂和鲁迅亦友亦敌的恩怨，早已是一段著名的文坛公案。不过，在厦大期间，还是两人友情最深厚的时候——除了林语堂是鲁迅来厦大的推手之外，林太太廖翠凤的厨艺，也是这两个人友谊的重要催化剂。

林语堂与廖翠凤

林语堂曾是中国近现代作家中离诺贝尔文学奖最近的人之一，而假如诺贝尔奖有烹饪奖项，在林语堂的心目中，太太应该是当之无愧的获奖者。

厨房里的“女王”

其实鲁迅来厦大的第二天，就“同伏园往语堂寓午餐”，权当接风洗尘。此后，他和教授们到林语堂家蹭饭，似乎还真成了“家常便饭”。1927年1月7日，也就是鲁迅要离开厦门的前一周，亦“晚赴语堂寓饭，夜赴浙江同乡送别会”，你看，鲁迅即使要参加同乡送别会，还是忍不住先去林家再吃上一顿。鲁迅在给许广平的信里，也特别提到林语堂对他的关心：“玉堂的兄弟（他有二兄和一弟都在厦大）及太太都为我们的生活操心。”

林太太廖翠凤，出生于厦门鼓浪屿的大户人家，当时岛上女子“家学”之传承中，手艺是重要一项，而厨艺正是廖氏的长项。林语堂次女林太乙在《林语堂传》中多次专门回忆母亲的厨艺：

厨房是母亲的活动中心。她爱热闹，常请客……她烧出大锅大

复原的焖鸡菜肴

锅的厦门卤面，作料是猪肉、虾仁、香菇、金针、菠菜，是用鸡汤熬的。她的焖鸡尤其拿手，是用姜、蒜头把鸡块爆香，再加香菇、金针、木耳、酱油、酒、糖，用文火焖烂。

在女儿的记忆中，廖翠凤做出来的每道菜都毫不逊色于馆子的风味，甚至有过之。不难想象，当年鲁迅和他的同僚们曾享受过何等的舌尖之福，从他们各自的文字记录中，大致可以梳理出他们吃过的“林家菜谱”——有红烧猪脚、清蒸螃蟹、炖鳗鱼等“硬菜”，也有厦门菜饭、炒米粉、卤面、猪肝面线、薄饼等闽南特色菜肴和主食，如果当时有“舌尖上的厦门”之类的评选，想必他们都一定会由衷地打出高分。

而林语堂本人，自小也是吃货一枚。他小名和乐，出生于福建漳州平和县。他的父亲林至诚，24岁时入教会神学院，在成为牧师前曾经做过小贩，卖糖果和本地人爱吃的豆仔酥。作为零食小贩的儿子，和乐的日常零嘴儿自然是少不了。林至诚生性幽默（当然，“幽默”这个词，正是他的儿子后来的经典翻译），对生性顽皮的儿子相当偏爱，每天早上出门工作前，他习惯吃一碗猪肝面线，但每次都要留下半碗，叫和乐端进去房里吃。

在认识廖翠凤的时候，林语堂还只是一个穷学生，而且还在追求鼓浪屿另一家大户的女儿陈锦端。但廖翠凤在林语堂第一次登门做客时，便一眼相中他，据说其中的原因之一，就是看他大口大口吃饭，非常过瘾。

两人成婚几天后，一合计，便把结婚证书扔到火炉里烧了，理由就是，结婚证书只有离婚才用得上，那以后就是用不上了，索性烧掉。之后，林语堂到美国哈佛大学攻读硕士，廖翠凤跟着他去陪读。刚到美国的时候，生活过得紧巴巴的，但林语堂如鸟儿出笼，外向而顽皮，自诩像个气球，而太太内向却淡定，总不会让他飘很远。

这位林太太，一点都不像有钱人家的娇小姐，她持家有道，除了做得一手好菜，还偷偷变卖自己的首饰维持生活。在儿女的心中，他们的父亲和母亲似乎是来自两个不同星球的人，无论在哪方面看起来都是完全相反——林语堂爱走动，廖翠凤爱静坐；林语堂天性乐观，廖翠凤多愁多虑；还有，林语堂爱吃肉，她爱吃鱼。

林太乙说：“母亲是这个世界的女王。她是个海葵，牢牢吸住父亲这块岩石。她不游到大海，但她有彩色的触手，能伸能缩，可以自卫和攫取食物。”

餐桌上的游戏

有段时间，他们在上海生活。这个东方大都市自然是一个美食天堂，林语堂夫妇也会带孩子到冠生园、杏花楼、新雅饭店等大馆子吃饭。但是孩子依然觉得，论起吃来，没有东西比母亲做的家乡味道好吃。尤其令孩子们惦记的，是有亲戚从厦门来的时候，会带来廖家自制的菜头粿，也就是萝卜糕，廖翠凤将其切成一片片放油锅煎好，蘸黑醋，撒上胡椒吃。以至于林太乙从小就认为，厦门人吃什么都爱加醋，撒胡椒和芫荽。

有一年临近过年，林语堂突然想起，好像今年还没有吃萝卜糕。廖翠凤瞪了他一眼说，没有人从厦门带来嘛。林语堂狡黠地一笑：“好像武昌路有一家会做的，不过也不甚确定，我去买给你看。”

不等廖翠凤回答，他便放下手上的文字，坐上公共汽车晃晃悠悠去找，最后，终于从北四川路抱着一篓两斤半重的萝卜糕，乘车“得胜”而归，一家人也因此在上海过上一个有闽南味道的年。

从厦门来的亲戚，还会带来廖家自己焙的肉松，以及铁观音茶、金瓜粿、龙眼干和凸柑等特产。所谓凸柑，闽南话也叫“碰柑”，就是柑的头会凸出来，煞是可爱。林太乙小时候因为额头比较高，家里人用闽南话给她起了个小名叫“凸头”，因此看到凸柑，不由得有一种天然的亲近感。

说起来，厦门人称呼各项街头小吃的名称，常常饶有趣味。比如有一种“咸酸甜”，廖家亲戚带来的时候是装在玛丽饼干铁皮盒子里的，打开以后，里面是用糖水和香料腌制的“洋莓”，吃起来果然是又咸又酸又甜——林太乙所称“洋莓”者，或为漳州盛产的杨梅之谐音，也有一说是草莓，闽南人一般把用水果腌制的蜜饯，依口味而形象地称为“咸酸甜”。

在上海家里的厨房，廖翠凤依然大展身手。他们常吃的，除了林语堂小时候最爱吃的猪肝面线，还有厦门炒米粉和红烧猪脚。林语堂吃猪脚的时候也不忘给孩子们幽上一默，他郑重其事地说，猪脚的黏性可以把嘴唇黏起来，然后示范给孩子看，孩子们也学他把嘴唇黏住，结果想笑都张不开口。廖翠凤对这种孩子气的吃饭游戏甚是不以为然，经常说“不要吵”，然而林语堂有时候会变本加厉地把胡椒放在鼻孔里，使自己打喷嚏，自己觉得很好玩。

在林家孩子们的美食排行榜中，排第一位的，则是鲁迅也吃过的厦门薄饼。

在厦门烹饪中，没有什么比薄饼好吃的了。厦门人过年，做生日，招待贵宾，都以薄饼款待客人。薄饼皮是在菜市上买的很薄很软的面粉皮，包薄饼的料子有猪肉、豆干、虾仁、荷兰豆、冬笋、香菇，样样切丝切粒炒过，再放在锅子里一起熬。熬的工夫很重要，料子太湿，则包起来薄饼皮会破，太干没有汁，也不好吃，太油也不好。熬得恰到好处，要几个小时。

吃的时候，更是展示薄饼“微言大义”的功夫。桌上放着扁鱼酥、辣椒酱、甜酱、虎苔、芫荽、花生末等，廖翠凤还会特别配上葱段，葱被用作刷子，闽南人习惯用它来把酱刷在薄饼上。

包的时候，先把各种配料撒到皮上，然后把热腾腾的料子一勺一勺地放上去。会包的人可以包得皮不破，也不漏汁，当然对新手来说并不容易办到。吃的时候，必须要用双手捧着将薄饼送到嘴边。薄饼皮本身没有什么味道，只让人觉得仿佛手里捧着一份用白纱包的礼物，等待打开时的气象万千。

一口咬下去，有扁鱼的酥脆，花生末的干爽，芫荽的清凉，虎苔的甘香，中心的料子香喷喷，热腾腾，湿湿油油烂烂，各种味道已融合在一起，实在过瘾。天下实在没有什么比薄饼好吃的了！

厦门薄饼

孩子们继而觉得，只有厦门人才懂得真正欣赏吃薄饼，外省人不会包，往往吃一两卷就不吃了，还以为有别的菜上桌，他们不知道，这一桌薄饼，就是厦门人的盛宴。

有一次，一位娶了我表姐的广东人说，他并不怎么喜欢吃薄饼。表姐对他一瞥，那种惊异鄙视的眼光，等于对他说，你这个野蛮的广东佬是怎么混进来的？吃薄饼是要厦门人在一起才有趣。

嘴巴馋的人会放太多馅，包得太臃肿，还没有吃完皮就破了。也有用两张皮包一卷的人，功夫不够，别人就会笑话他。而加了太多汁的人，吃起来，汁会从手指缝流出来，大家也要笑他。大家包着包着，比较谁包得最好，谁包的皮破了，说说笑笑，更增加胃口。

林太乙甚至记得，有一次她一口气吃了七卷，在把第八卷送到口里时，忽然被二舅喝住："凸头的，不要吃了！"被二舅一骂，她只好心不甘情不愿地把那卷薄饼放下来不吃，而那次尝到被廖家男人吆喝的滋味，实在不好受——他的父亲，可从来没有这样过。

迁徙中的舌尖乡愁

在文史学者、曾任鼓浪屿管委会主任的曹放先生看来，不管这个家庭随着林语堂的步履如何迁徙，他们蓬勃的闽南胃口永远需要女主人来填满。曹放在鼓浪屿任上时，经常漫步于林语堂和廖翠凤当年成婚的廖家别墅，也常把那些前前后后的故事讲给来到这座岛上的人听。

尽管离开了廖家别墅，但林语堂和太太依然保持着稳定的家庭结构分工。林太乙在《林语堂传》的这段记载，也常常被曹放所提起：

在林语堂于书房里"两脚踏东西文化，一心评宇宙文章"的同时，廖翠凤则像一家的"总司令"，以洪亮的声音发令，指挥有关家务的一切行动。一周来一次大清扫的女工推着真空吸尘机像坦克车一样轰隆隆地向各房间“进攻”时，连在书房里写作的林语堂也要乖乖让出空间来。

“啊呀，凤呀！”有时他会嘟囔说，“等我写完再让她清理书房，可以吗？”

“不行。”妻子大人说，“她吸完尘灰之后要洗厨房的地板。”

林太乙回忆说，在厨房这个廖翠凤当仁不让的活动中心，她的母亲几乎烹调了一辈子的福建大菜，而且许多菜的做法在书中都有详细描述，如果有人据此复原一席“林语堂宴”或者“廖氏家宴”，绝对没问题。除了前面提到的厦门卤面、焖鸡之外，林语堂和孩子热爱的廖氏菜肴数不胜数：

还有厦门菜饭，也很好吃，是将猪肉丝、虾米、香菇、白菜、菜花、萝卜各炒香，再加进饭里焖熟，吃的时候撒胡椒，加黑醋。

她的清蒸白菜肥鸭是有名的，鸭子蒸烂了，吃起来又嫩又滑，连骨头都可以啜，白菜在鸭油里蒸烂，入口即化。

有时爸爸开车，举家到唐人街去买中国蔬菜，活鸡活鸭，海鲜。清炖鳗鱼，清蒸螃蟹都是厦门名菜。

妻子烧饭的时候，林语堂常常化身为“廖翠凤迷”，有时会闻到香味，忍不住从书房跑出来，站在旁边观看，边看边说："看呀！一定要用左手拿铲子，炒出来的菜才会香。"

妻子不会欣赏这种话："堂呀，不要站在这里啰唆，走开吧！"林语堂只好乖乖地走开。

哪怕是已经有了孙子，林语堂依旧不改其乐观本性，经常对好友说："老婆对我不嫌老，既不伤春又不悲秋，俯仰风云独不愁。"含饴弄孙，于是成为他至高的快乐之一，不过这种快乐也会成为他的困扰。有一次，他带着小外孙去菜市场看活鸡活鸭，在摸彩的摊子上竟然赢了一只大白鹅。他兴冲冲地驾车回家，大白鹅在后座大叫特叫，拍着翅膀作咬人状，把两个孩子吓得大哭。回到家以后，他深深吸了一斗烟，对廖翠凤说："带着一只鹅两个哭啼的孩子开车，下次我不去了！"

廖翠凤也不理会他的吐槽，直接提起肥鹅去家附近的肉铺，叫他们宰了，回来做闽南风味的烤鹅吃。

到了台湾之后，他们住在阳明山士林区永福里一幢带院子和花园的房子里，房屋是林语堂亲自设计的，他经常在小院子里或阳台上叼着烟斗，望着远山和林木，仿佛又回到小时候在漳州平和山村里那隔绝尘世的美梦之中。

这时候家里请了佣人，廖翠凤的家务操劳大为减轻，但她仍然时不时亲自动手下厨。比如某天早上，如果碰上有人挑了刚刚从山上砍下来的竹笋来卖，女主人中午便杀一只鸡炖汤吃，林语堂连连夸说，那是他们多年来没有尝到的美味了！

台湾的风俗和饮食习惯与闽南相近，他们全家也经常进城觅食——到圆环去吃蚵仔煎、炒米粉，或是去一条龙吃饺子，有时也到台南的阿霞小食馆吃海鲜，那里的螃蟹都是店家自己养的，蟹黄肥厚，而甲鱼的鳖裙有两厘米厚，明虾肉白而嫩，有龙虾之香而味胜龙虾，林语堂引之为奇珍。

让林语堂感觉最美妙的是人人讲闽南话。他们到永和吃猪脚，林太乙把当时小馆老板的欢迎词用闽南话全记录下来："户林博士等哈久，真歹细，织盖请你吃烟呷茶。猪脚饭好气味真好吃又便宜，请林博士吃看迈。大郎做生日，团仔长尾溜，来买猪脚面线添福寿。"

这是台湾人和闽南人共同的口音和待客之道，意思就是，让林博士等太久了，真不好意思，这会儿先请抽烟喝茶，我家的猪脚饭味道好，又便宜，请林博士吃看看口味如何，末了还不忘加上闽南味道的祝福语。这一切，都让林语堂乡愁顿消，笑得嘴巴都闭不拢。

吃饭和点心

或许是在廖翠凤身边天天有好吃的，身为"吃货"的林语堂也常常在他的文字里，以吃来作各种譬喻或阐述：

林语堂一生"和乐"，亦得益于家庭的和睦

我想行字是第一，文字在其次。行如吃饭，文如吃点心，不吃饭是不行的。现代人的毛病是把点心当饭吃，文章非常庄重，而行为非常幽默。

人世间倘有任何事情值得我们的慎重将事者，那不是宗教，也不是学问，而是"吃"。

凡是动物便有这么一个叫作肚子的无底洞。这无底洞曾影响了我们整个文明。

还有一次，他给廖翠凤写信说："我的肚子里，除了橡皮以外，什么也能够消化的。"

他也特别喜欢李密庵的《半半歌》中的这几句："肴馔半丰半俭，童仆半能半拙，妻儿半朴半贤，心情半佛半神仙。"面对朴而贤的妻子做出来的丰盛佳肴，林语堂实际上相当于一整个相当享受的“神仙”了。

不过，这位“神仙”也对自己曾经爱恋过的女子颇有些文学青年式的眷恋。他的初恋，是一个小名叫橄榄的女孩儿。后来，林语堂在一部自传体小说里，写过这个女孩儿：“她蹲在小溪里，蝴蝶落在发梢，缓步徐行，蝴蝶居然没有飞走。”

更让他念念不忘的自然是陈锦端，当年陈家父亲不同意这门婚事时，林语堂还曾经把自己关在房间里哭了整整一个晚上。其实廖翠凤也知道，丈夫在心灵一角一直为锦端留了个位置，于是，夫妻俩从美国回到鼓浪屿廖家别墅之后，廖翠凤主动请锦端来做客，亲自下厨给她做饭。

每次锦端要来，林语堂都很紧张。女儿不解，问妈妈这是为什么。廖翠凤笑着说：“爸爸曾喜欢过你锦端姨呀。”这让林语堂很尴尬，只好默默抽烟斗。锦端来的时候，他一开始也不免局促不安，但是廖翠凤的菜肴上桌之后，似乎那些尴尬和局促便渐渐消弭于这一顿大餐之中了。

后来，林语堂终于大彻大悟地向别人传授婚姻美满的秘籍：“要把婚姻当饭吃，把爱情当点心吃。”

林语堂1976年3月逝世于香港。11年之后的4月，廖翠凤在香港去世，享年九十。儿女们翻出大约40年前父亲曾送母亲的一个手镯，上面刻了诗人若艾利（James Whitcomb Riley）一首著名的诗歌《老情人》：

同心如牵挂，一缕情依依。
岁月如梭逝，银丝鬓已稀。
幽冥倘异路，仙府应凄凄。
若欲开口笑，除非相见时。

自从在鼓浪屿惊世骇俗地烧掉结婚证书之后，林语堂与廖翠凤这对“老情人”相伴了将近一个甲子。这数十年的光阴里，婚姻当了饭吃，而饭也让他们平淡却又丰盛的婚姻，以舌尖为纽带，在三餐四季之中，常常两情依依，开怀大笑。

尽管在厦门和福州几乎吃遍了闽菜最有名的大小馆子，
但似乎“吃货教授”顾颉刚最为眷恋的，
还是自己在梦中请谭小姐吃过的四果汤。
当年梦境中松子的芬芳香烈气味，
在他数十年的舌尖记忆里，挥之不去。
然而，直到今天的闽南四果汤里，
终究还是没有松子的。

史学家顾颉刚：“吃货教授”的八闽美食小史

从梦中醒来时，顾颉刚甚至还觉得自己的舌尖有一种强烈的松子味道。在他的日记里，这味道是这样的：“芬芳香烈于口齿间，瞿然而醒。”或许，其实他并不愿意醒来。

20世纪20年代的某一天夜里，这位厦门大学教授、史学家脸红心跳地又一次梦见了他心爱的女子，与之前的梦境不同的是，这次他和她一起同坐听课，下课后，他带着她一起去轧马路，然后给她买了一碗闽南的四果汤。梦里，也许美人因这碗甜甜的四果汤而对他嫣然一笑也未可知，只是日记里不曾或不敢记述罢了。

史学家于考证是严谨的，但梦境则无须考究，因为闽南的四果汤里，毕竟是没有加松子的。

顾颉刚像

开启"狂热"的闽南舌尖之旅

顾颉刚，著名历史学家，民俗学家，民间文艺学家，现代历史地理学和民俗学的开拓者、奠基人之一。1926年下半年，经林语堂推荐，顾颉刚赴厦门大学任国学院研究教授。在来厦大之前，顾颉刚的《古史辨》第一册刚刚出版不久，由是声名鹊起，颇受各界瞩目，所以一来到厦大，他的职级也由原来聘书上写的"助理教授"升为研究教授。

作为一个江南人士，顾颉刚由北京转而来到厦大任教，大为快意，这里崭新的环境和较为自由的氛围，使他的史学研究兴趣蓬勃发展，不但高效地写成了《古史辨》第二册，还特别在闽南的各个地方考察风俗民情，在此期间写的《泉州的土地神》等著作，更成为自民国至今闽南神祇文化研究的重要文献资料。直到今天，福建泉州以"半城烟火半城仙"作为城市文旅品牌符号时，顾颉刚的这本著作依然是重要的背书之一。

不过，另一类特别的著作，尽管没有成为史学书籍，却是这位史学家为闽南留下的更具烟火气的文本，见之于他的日记当中，其关键词便是“吃”。

从1926年8月21日抵达厦大，到1927年4月15日离开，顾颉刚在福建待了八个月左右，他的八闽时光，几乎可以说是一部和他史学成就平行的美食小史，既为八闽的饮食文化留下了弥足珍贵的历史印记，又可从中一窥当年美食人文中的种种真性情。

顾颉刚在厦大教授圈中，是人尽皆知的“吃货教授”，当然当时这个称呼还没有被发明，但顾颉刚爱吃的程度，从他在日记里亲自写下的觅食轨迹可见一斑。

首先要说，顾颉刚到厦门后，也不是没有自己开伙，他的夫人也会一起到太平桥买菜和用具，特别是第一次到市场买肉、菜、鸡蛋、酒回来后，他便沾沾自喜地在日记里写道：“自喜一洗贵族气。”

话虽如此，学校就在开埠之后的繁华之地，怎能甘于一日三餐宅家？所以，他的向外觅食行动很快就开启了。民国时期，厦门餐饮业发达，以闽菜为主，广东菜、京菜、台湾菜、素菜、西餐等亦多元化并存。由于厦大紧邻南普陀，在顾先生吃遍厦门的狂热舌尖之旅中，他记下来最多的，便是南普陀寺的素菜馆。在厦大任教的八个多月里，他就在南普陀吃了十几次素菜，多为应邀会友、参加接待活动。

1926年8月24日，第一次在南普陀寺吃饭，第一次见到福建的文旦树和桂圆树，他还评价桂圆结得好多，种一棵一家人都吃不完；10月21日，"到南普陀陪宴太虚和尚"，林文庆校长宴请，顾颉刚和鲁迅都参与作陪，同席有三十几人；11月6日容肇祖夫妻又请他到寺里吃饭。而第二年的近四个月时间里，更是一发而不可收，南普陀几乎成了他的"第二食堂"，同席的知名人士数不胜数：蔡元培、马叙伦、容肇祖、凌冰、张星烺、郝昺衡夫妻、罗常培……

比如1927年2月13日蔡元培、马叙伦两位先生来厦大演讲后，顾颉刚和他们一起在南普陀就餐，他还记下来，那天饭后雨下了很久；同月25日，黄仲琴先生来访，顾带其游览国学院及图书馆并宴之于南普陀，同席有容肇祖、振玉夫妻和陈宗藩、黄德光和顾的妻子殷履安；2月底，宴请民国著名教育家、南开学校大学部第一任教务长凌济东，同席的有林文庆校长夫妻、钟心煊夫妻、孙贵定（孙蔚深，时任厦大教育系主任兼校长办公室秘书）夫妻、江泽涵（数学系姜立夫教授的助教）、白鸿基、美国人Kilpatrik Allgood等。

在此之前的农历正月，顾颉刚就已经先到漳州，带蔡元培、马叙伦一起游览云洞岩山和江东桥，而后到林语堂的大哥林孟温家里吃饭。这一席饭让热爱民俗研究的顾颉刚很兴奋，他在日记里提到，自己终于品尝到了闽南整桌菜的感觉，他的印象中，除了闽南人以烧猪为宴席及待客的贵重菜肴外，猪的肝肺等下水部位也都有入馔，其菜式迥异于大菜馆子，更具生活气息。这也令他对当时漳州印象颇佳，称其“街道宽广，风景优美，颇适居家”。

闽粤菜馆轮流“打卡”

顾颉刚饕餮之地自然不仅限于南普陀，闽南地区有名的馆子，几乎都留下了他的足迹：既有南轩、东园、光华、源珍斋、乐陶陶等经典闽菜馆，又有包括陶园、广德等粤菜馆以及西餐、日本餐室等各色风味大小馆子。

在他的日记记录中，曾两次去过闽菜大馆南轩酒楼。其中一次

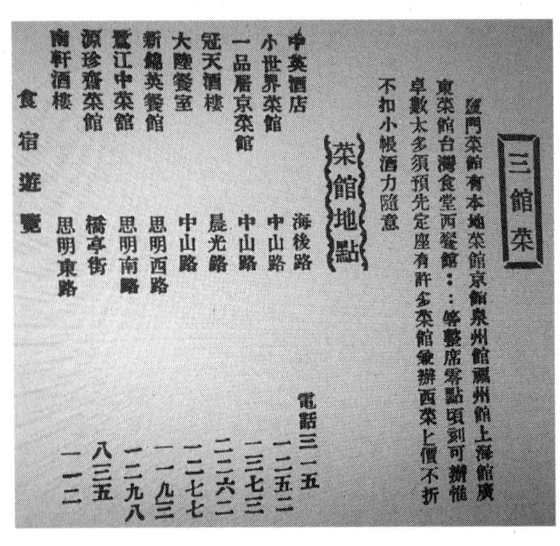

三館菜

廈門菜館有本地菜館京館泉州館福州館上海館廣東菜館台灣食堂西餐館……等整席零點頃刻可辦惟卓數太多須預先定座有許多菜館兼辦西菜上價不折不扣小帳酒力隨意

菜館地點

菜館	地點	電話
中央酒店	海後路	三一五
小世界菜館	中山路	一二五二
一品居京菜館	中山路	一三七三
冠天酒樓	晨光路	二三六二
大陸餐室	中山路	一二七七
新錦英餐館	思明西路	一一八三
鷺江中菜館	思明南路	一二九八
源珍齋菜館	橋亭街	八三五
南軒酒樓	思明東路	一一二

食宿遊覽

顾颉刚在厦门曾经“打卡”过图中的源珍斋菜馆、南轩酒楼

是1926年10月，为沈兼士饯别，同席的有张星烺、罗常培、陈万里、潘家洵、黄坚等。他在日记中提及南轩的烧猪，"以小猪仿烧鸭例烤之，味甚美"。除了主打福州风味的南轩之外，他对桥亭街的厦门风味菜馆老珍源斋评价甚高，称其和乐陶陶一样，是标准的厦门口味。

20世纪二三十年代，厦门的粤菜馆很风行，顾颉刚和教授朋友们自然也不忘去饕餮一遍，他们多次去过的粤菜馆岛美街陶园和开元路上的冠德，都是当年顶级的粤菜馆头牌。比如1926年10月15日，和沈兼士、潘家洵、孙伏园、丁丁山等人及学生游玩了白鹿洞、虎溪之后去陶园午餐；隔年1月中旬，和几位教授们送鲁迅上"苏州号"之后又到陶园吃饭；同年4月12日，也就是离开厦门前三天，带了妻子殷履安去市区剃头、购物，到绸缎铺做衣服，自然也没忘记最后再去陶园美美地吃一顿，以示依依不舍。

1931年《厦门指南》曾经提到，当时的粤菜馆以广益、统一酒家、陶园等较为出名，可办全席。粤式菜肴选料精细，做工细腻又讲究，依季节不同而浓淡略有变化，油泡虾仁、白灼螺片、香汁炒蟹、炒桂花翅、鸳鸯鱼卷、鸡茸鱼鳔、烧鹅以及各种原盅炖品等，都是独具特色的佳肴。

在闽地期间的顾颉刚，正当壮年，有着旺盛的生活情趣，对饕餮一事更为上心，身边的饭友更是不在少数。正如孙伏园之于鲁

容肇祖夫妇像

迅，顾颉刚在厦大当时的主要饭友，就是时为厦大国文系讲师的容肇祖。

容肇祖是不折不扣的广东人，夫妻俩都喜欢自己制作美食，所以多次邀请顾颉刚等人来品尝自家手艺，粥、粉团、鸡子、螃蟹、汤圆、糖莲子等，不一而足。他们也经常互请吃饭，顾颉刚曾评论说，容肇祖夫妇像“小儿女”，天真强健而快乐，“见之甚羡，愧不能及也”。大家相处得颇为投缘，有时还会一起去海边捡贝壳，游览白鹿洞、虎溪、狮子洞、中岩、太平岩、鸿山寺等，或者到外炮台、仙岩等地野餐。

1926年12月的一个礼拜天，顾颉刚夫妇和容肇祖夫妇沿着海边捡贝壳，在外炮台野餐后，又来到前埔，走过云梯中学、金鸡亭到新马路，此时天已经黑了，他们依然兴致勃勃地雇车到市区的冠德吃饭。吃完饭继续逛街购物，坐舢板回到厦大已经是夜里十点多了，大家非但没有觉得疲惫，仍然很开心地整理起白天捡拾的贝壳，互相比大小和品相。

除了容肇祖夫妻这对铁杆饭友，顾颉刚和厦门当地的文化名人、媒体记者名流也有一些交往。1927年4月初，近现代文化名人苏警予、谢云声、叶国庆和电影艺术家吴村等人曾在桥亭街的源珍斋宴请过顾颉刚和张星烺，同席的还有郑江涛、伍友竹、陈佩真等厦门名士。此外，顾颉刚也曾和当时《申报》驻厦记者陈一民、《民钟报》经理李硕果以及梁唯明、李铁明等编辑一起聚餐聊叙。

事实上，在1927年的三四月间，顾颉刚离开厦大之前，这些曾经一起欢聚的饭友们，又把之前下过的馆子再巡回了一轮。想必那时节，顾颉刚夫妇最不舍的，应该就是这闽地的美食了。

美食"泯恩仇"

顾颉刚与鼓浪屿的美食缘分也不浅。他刚抵达厦门的那天中午，林语堂便亲自来接他到鼓浪屿的林文庆校长家里喝茶、品茶点，大概是聊得太投机，第二天，他们又继续到林文庆家吃午饭，同席的还有潘家洵、沈兼士、陈万里、朱志涤等十余位教授。

彼时，顾颉刚对鼓浪屿和厦门大学的最初印象截然不同。他觉得："鼓浪屿多富人居，红墙红屋顶照耀碧波绿树间，太鲜艳了，变成了俗气。"但他眼中的厦大显然更为大气："厦门大学地极开爽，左山右海，襟怀鬯甚。""鬯"，即"畅"之意，有这样舒畅的心情，顾颉刚对即将开始的厦大生涯显然颇为期待。

他还特别描述了林文庆家住鼓浪屿笔架山顶，"天风时来，虽暑无汗”，记得林家房屋颇为整洁，可惜“布置无法”，欠缺美术味道。一边在心中评价，一边吃完午饭，大家又吃茶点闲谈，直到晚上六点离开，又去了鼓浪屿市场买东西。

后来的七八个月里，顾颉刚又先后和朋友们多次到过鼓浪屿，比如到洞天酒楼吃西餐，到大新旅社、白室、亦可亭吃饭，到日本馆吃牛乳、加里古斯汁等。他也曾和容肇祖、陈万里、毛夷庚、潘家洵、丁丁山、黄坚等多次到过鼓浪屿的朱铎民家吃饭。朱铎民是章太炎的次女婿，时任厦门中国银行副行长，也曾在思明东路东园闽菜馆宴请过鲁迅。在朱铎民家品赏商务所印制的名人书画集，让顾颉刚尤为开心。

后来，欢送鲁迅的几次饯行也安排在鼓浪屿，顾颉刚均有参与，其中一次是《民钟报》为鲁迅饯行，另外两次是林文庆校长宴请。1927年1月13日，林校长在鼓浪屿大东旅社饯别鲁迅和刘树杞，宴请之后顾颉刚还和潘家洵、毛夷庚等人去观海别墅和邻家花园游览一番，再坐船回厦大。

1927年3月22日，顾颉刚最后一次到鼓浪屿，访问《民钟报》的李硕果经理和陈范予等人，到白室吃饭，而后便到了林文庆校长家提交辞职申请，顾记录“得其允可”。距离他1926年8月21日抵达厦门时到林文庆家用餐，刚好过了七个月，似乎形成了一个时间的闭环。

说到鲁迅，顾颉刚和他之间，倒真有着一些说不清道不明的恩怨。因为顾颉刚最初反对川岛（章廷谦）来厦大，曾劝林语堂不要聘他，但川岛恰好就是鲁迅的好朋友。“孰知这一句话就使我成了鲁迅和川岛的死冤家”，顾颉刚自己这样回忆。

然而，后来听说林语堂还是决意聘川岛来厦大任国学院，顾又自己写信通知了川岛。在川岛到厦大当天，顾颉刚还特意让人给他送来一大碗红烧牛肉和一碗炒菜花，以美食作为欢迎之礼。但如此一来，难免给疾恶如仇的鲁迅，留下一个顾颉刚口是心非的不好印象。在鲁迅的日记里，还称顾为“红鼻子”，盖因顾的鼻子颇有特色，天冷的时候会微微发红，由此可见鲁迅对其并不是很待见。

尽管有些不和，但在厦大的日子里，他们却不得不经常同桌吃饭，正如顾颉刚日记所述，“我乃与沈兼士、鲁迅、张星烺同室办公、同桌进食，惟卧室不在一处耳”，据说鲁迅还曾在饭桌上与黄坚怄气。

不过在后来欢送鲁迅的几次饯行，顾颉刚基本都有参与。就在1927年1月初鲁迅离开厦门前，当时《民钟报》报出“鲁迅之行系由国学院内部分为胡适派与鲁迅派之故”，当月8日，顾颉刚陪着鲁迅和林语堂、陈万里等人一起到鼓浪屿的《民钟报》澄清此事，要求报社作出更正声明。于是，由《民钟报》的李硕果做东，大家一起又“搓”了一顿，顺便为鲁迅饯行，而鲁迅和顾颉刚的日记里，还都认真地记录了这次宴请，也是趣事一桩。

1月13日林文庆校长再次在鼓浪屿大东旅社安排为鲁迅设宴，顾颉刚也参与了，这次参加的有四桌的人，顾颉刚在日记中提及这次宴请不欢而散，他觉得，有点类似戏里的《群英会》。

顾颉刚日记里也曾多次提到与介泉（潘家洵）的恩恩怨怨，潘是他介绍来厦大任教，后来却妒忌他研究教授的身份，经常编排他的种种不是，然而很多次饭局他都会和潘家洵夫妻同席，不管是宴请、饯行，还是在南普陀素菜馆、大走马路光华、鼓浪屿洞天酒楼、日本菜馆等处的饭局。

那个年代的教授们，名士之风尤甚，所谓的恩怨之外，或许在美食的场景里，大家并无芥蒂，唯得一“至情至性”耳。

十几天专“吃”福州

1927年1月中旬的一天，春寒料峭，一艘Hai Hong海康船从厦门出发前往福州，船上有一群穿着整洁长衫的先生们，正是顾颉刚、容肇祖和潘家洵等人。

顾颉刚此行在福州前后待了十余天，处理相关出差公务之余，福州市区一些有名的馆子，都留下了他的足迹，单论这项口福，鲁迅还真赶不上他——既有聚春园、南轩、别有天、亦兰居等闽菜馆，更有马玉山、西来、法大等粤菜馆和西菜馆，福州的温泉汤房甚是有名，顾颉刚自然也不能放过，于是沂春园、亦兰亭等也迅速排上日程。

1月21日，顾颉刚等人一起拜访国定《烹饪教科书》作者陈衍后，就到了福州的南轩吃饭。据刘立身《闽菜史谈》考证，清代至今，东街口地段一直是福州的商业中心，南轩是这一带最大的酒楼，主营传统闽菜，厦门的南轩也是福州南轩老板在厦与人合伙开设的。

接下来的两天，他的主场转到了聚春园，其中一次是宴请蔡元培、马叙伦的公宴，这次宴请规模很大，同席的有35人。顾颉刚成为这次午餐会的主角，奉蔡元培之命报告厦大状况，精力充沛的他，还在午饭后应政务委员会邀请到法政学校作演讲，主题为"研究国学之方法"。演讲结束，又回到聚春园接受主办方的款待。

此后几天，受福建协和大学教授邀请至别有天吃晚餐，到台江泛的西来洋菜馆和下榻的法大旅馆的洋菜馆吃西菜，到南街安宁巷口的马玉山菜馆品尝粤式点心，在福州鼓山游览之后当然也不忘到涌泉寺，吃一吃有别于南普陀的素菜风味……

涌泉寺

可见在繁忙的工作行程中，吃喝游玩是一样也没有落下。比如一到福州就跑到沂春园剃头洗浴，“闽中温泉甲天下”，寒冷的冬天享受温泉，想必顾颉刚和他的同事们必定舟车劳顿全无。

除了温泉，顾颉刚还“打卡”福州著名的西湖公园，旧时的西湖公园有16景，包括水晶初月、荷亭晚唱、西禅小钟、虹桥夜泊等，有游船小艇可供游人游览，公园里也有茶馆、素菜馆、汉菜馆。西湖自产的蟛蜞蟹肥美可口，每斤大概在400文以上，菜馆、茶室都有出售，并且可以代为烹饪。

秋天菊黄而蟹肥，可以说是当时西湖公园的双绝。只是当时顾颉刚在福州时恰逢农历十二月中旬，想来可以观赏到花，却没有口福品尝到美味的蟛蜞蟹了。

福州西湖旧影

四果汤里的经年情思

回到顾颉刚梦里的四果汤。虽然名为"汤"，其实是闽南传统的一款甜品小吃。

相传，唐高宗年间的一个除夕夜，盘踞在闽南十八洞的"长头毛"土匪打劫龙溪县城，朝廷震怒，派归德将军陈政所率领的"五十八姓"中原府兵，从北方千里奔袭平乱。但南方气候湿热，北方兵水土不服，怪病横行。还好，陈将军的母亲魏敬夫人精通医道，以闽南常见的莲子、薏米、绿豆、银耳熬制成汤，治好了将士的病，才得以顺利剿匪。

平乱之后，魏敬留在了闽地，助子扶孙，息乱安邦，偃武修文，施行惠政，将中原文化和农耕技术传播到闽南，而孙子陈元光，更成为直到今天都被闽南人乃至海峡两岸、闽南籍海外华侨共同尊奉的“开漳圣王”。可以说，一碗四果汤，承载的是自唐以来闽南开化和发展的厚重历史。民国时期的史料上显示，当时的四果汤主料有莲子、薏仁、花生、阿达子（亚达子）、粉圆、西谷米、榭榴子等，它和花生汤、豆花、面茶、圆子汤、绿豆粥等都被视为当时的主流甜食杂品。

作为史学家，顾颉刚踏勘闽南神祇时或许对这段历史有所考证，他也爱吃这甜而清爽的汤，不过，他更在意的，应该还是——如果能请谭小姐真的吃一碗四果汤，那该多好呀。

这位名为谭慕愚的女士，是顾颉刚在北大教书的时候，在一次郊游中偶遇的女学生，小他9岁，顾对她一见倾心，在日记中评价她说“像寒梅一样落落清爽，让人过目不忘”。离开北大之后，他常常梦见她，也以探讨学术的名义给她写信。不过，当时的顾颉刚已是有妇之夫，他的夫人殷履安经常跟他一起参加教授饭局，据说也做得一手好菜。

对于顾的这份“谭氏情思”，殷履安并非不知晓，只是顾除了通信之外，确实也没有做什么出格的事情。直到1943年殷履安去世之后，和顾通信了20年的谭小姐也还是孑然一身，顾颉刚鼓起勇气向她开口求婚，却被一口回绝，伊人转身离去，不复相见。终其一生，顾颉刚都没有放下对谭的情思，85岁那年，还感慨万千地回忆起与谭慕愚初见的情形，"五十年来千斛泪，可怜隔巷即天涯"，说完潸然泪下。

当年梦境中松子的芬芳香烈气味，在他数十年的舌尖记忆里，挥之不去。然而，直到今天的闽南四果汤里，终究还是没有松子的。

历经百年时光，
在围绕着南普陀素菜的民国“素食朋友圈”里，
谈笑有鸿儒，往来无白丁，
鲁迅、林语堂、许地山、蔡元培、马叙伦……
这一个个在中国近现代文化舞台上星光熠熠的名字，
各自开启了中国近代社会史的一个个人文篇章，
也与闽地独特的素食文化史交相辉映，
共同建构了一个素食文化的精神谱系。

南普陀素食的民国朋友圈

位于福建厦门的南普陀寺，最早称为泗洲寺。清朝年间，靖海将军施琅收复台湾后，以福建水师提督之职镇守厦门，重修寺院，将其更名为南普陀寺。在历史上，福建一直都是佛教兴盛的省份，闽南寺院林立，香火鼎盛，食素成风，也成为福建省乃至中国寺院素食文化的重要策源地。

20世纪20年代起，厦门正式拉开城市建设的大幕。这也是一个中国文化群星闪耀的年代，由此肇始，许多文化大家和名士

19世纪20年代的南普陀寺旧照

来到厦门，也与南普陀素食有了各自的渊源和交集。鲁迅、林语堂、许地山、蔡元培、马叙伦……这一个个在中国近现代文化舞台上星光熠熠的名字，以他们各自在人文领域的影响力，与这南方佛国的素食文化交相辉映，共同建构了一个素食文化的精神谱系。

鲁迅的诗性与佛性

初秋时节，刚到闽地的鲁迅心情还算不错，只不过，他对于当时学校的饮食似乎不是太满意，加之自感与一些同僚并不“合群”，难免时有苦闷之心绪，常常信步穿行于南普陀与厦大之间，构思自己的作品。而南普陀对于这位文豪的心灵慰藉，除了风景与禅意，最重要的，当然还有这里的素食。

1921年4月，陈嘉庚在南普陀寺东创建厦门大学时，南普陀寺无偿让出大片土地，作为厦门大学建校基地。自此，南普陀寺和厦门大学，中国东南的两座重要文化地标，关系紧密。在素菜馆宴客，在当时亦被视为尊贵的礼仪。当时任厦大校长的林文庆，就喜欢把一些重要宴请安排在南普陀的素菜馆，鲁迅也多次被邀请参加。

1926年10月22日，南普陀寺和闽南佛学院公宴太虚大师，当时，大师从美国讲佛学归来，在厦门稍作逗留，鲁迅参与作陪，同席者有三十几人，包括林文庆、顾颉刚等人。回来后，他在给许广平的信中自嘲道："这样，总算白吃了一餐素斋。"

除了公宴太虚大师那一次，他自己记下来的还有五六次，同席者也都是当时在厦的文化大家：1926年9月9日中午，与陈定谟同游南普陀并就餐；9月19日，应戴锡璋、宋文翰邀请在南普陀吃午餐，同席的有林语堂、沈兼士、孙伏园等；10月21日，在南普陀用晚餐；11月13日，看傀儡戏，吃素面，当天还有大风雨；12月17日，应郝秉衡、罗心田、陈定谟"招饮"，到南普陀吃晚宴，同席8人；1927年1月12日，应丁丁山邀请，参加在南普陀的晚宴，这是一次饯别晚宴，也是鲁迅最后一次在南普陀寺吃素菜，4天之后，他就动身离开厦门前往广州了。

一年多以后，鲁迅在上海时，也受柳亚子、李小峰、内山完造等邀请，到上海几家有名的素菜馆用餐。不过，他很不喜欢上海的素菜馆用豆制品制成的足以乱真的素肉、素鸡、素鱼等，他直言不讳地认为，这是饭店借一些吃素人心中念念不忘吃荤的虚伪，开发出的变异的菜式。相比之下，南普陀坚持的素菜素做，想必与他的理念更为契合。

在世人眼中，鲁迅是一个文豪，也是一个斗士，然而，了解他的人，却能从他的身上找到一种深藏的“佛性”，内山完造就曾说过：“鲁迅先生，是深山中苦行的一位佛神。”

在他1927年的《怎么写》中，就有这样一段兼具诗性与佛性的心绪抒发：

我沉静下去了。寂寞浓到如酒，令人微醺。望后窗外骨立的乱石中许多白点，是丛冢；一粒深黄色火，是南普陀寺的琉璃灯。前面则海天微茫，黑絮一般的夜色简直似乎要扑到心坎里。我靠了石栏远眺，听得自己的心音，四远还仿佛有无量悲哀，苦恼，零落，死灭，都杂入这寂静中，使它变成药酒，加色，加味，加香。这时，我曾经想要写，但是不能写，无从写。这也就是我所谓“当我沉默着的时候，我觉得充实，我将开口，同时感到空虚”。

在一次论辩中，鲁迅也曾用这样富有禅机的话，回答别人对他的疑问：

我知道伟大的人物，能动见三世，观照一切，历大苦恼，尝大欢喜，发大慈悲。但我又知道这必须深入山林，坐古树下，静观默想，得天眼通，离人间愈远遥，愈广；于是凡有言说，也愈高，愈大；于是而为人师。

如今，鲁迅雕像依然静静地伫立在厦大校园内，目光所及，依然有如当年他远眺南普陀那般深邃。或许，当年每一次走进南普陀，赴一顿素食之约，那些琉璃灯火，那些旷远佛音，也是文豪人生境界和格局中的一个个驿站，短暂停驻，却意味深长。

林语堂：幽默大师心中的“最好味道”

作为中国最早将humor翻译为“幽默”的大师，或许林语堂因为有一个厨艺精湛的太太，颇有口福，所以也常用“吃”来幽默地表达自己的人生感悟，而“吃”这件事，也常在他的作品中扮演重要角色。

有一种他在南普陀尝到的“好味道”，就在其经典巨著《京华烟云》中频频出镜，是女主角姚木兰最拿手的一道家常小吃。

说来也稀奇，半个钟头以后，汤做好。花生一放在嘴里几乎就化了。汤成了黏的半流体，喝下去嗓子觉得很舒服，花生汤和杏仁儿汤不但营养，而且对咳嗽嗓子哑也有益处。凤凰和小喜儿忙着一碗碗的往各院里送。老太太高兴得不得了，开玩笑说要雇木兰做丫鬟，专给每天做花生汤。

在书中，姚木兰的身份是京城名媛，居然能把闽南素食小吃花生汤做得如此有声有色，可见林语堂对于家乡风味的深刻记忆与思念。花生汤确实是厦门最具特色的甜食小吃，在南普陀素食宴席中，名为长生果汤，极受食客欢迎。

林语堂确实也很偏爱长生果这一味，他在东吴大学任教时，第一节课的时候就带了一堆花生，分送给学生。见学生们不解，他就哈哈一笑，然后解释说，在我的老家，花生又叫作长生果，今天你们是第一天上课，我请你们吃长生果，祝诸君长生不老！

长生果汤

这一下子引得学生哄堂大笑，

林语堂又接着说，请大家吃长生果，还有第二层意思，我上课不喜欢点名，所以大家吃了我的长生果，也要长性子，不要逃学，那我就是“三生有幸”了！

尽管热爱美食，尽管并不算是一个严格的素食者，但林语堂对素食主义却相当推崇，在他的《论肚子》一文中，就对清代美食家李渔饮食戒欲思想十分认同，李渔认为，口腹嗜欲“遂为万古生人之累者”，所以，在撰写《闲情偶寄》“饮馔部”一卷中，采取了“后肉食而首蔬菜”的方式，希望人们重视素食。

林语堂又据此进一步分析道，世界上之所以存在着矛盾纷争，弱肉强食，格斗杀戮，是因为人类的肉食，或说人类因为肉食而造成了这种人性性情；而在他看来，草食人种的天性都是和平、善良、沉静的，假如，“草食人种的繁殖超过肉食人种的繁殖，这就是人类的真进化”。

这正是典型的林语堂式的幽默，但在其中，却有着深深的思考，包含着他以素食为标的所表达的独特社会政治理想。

许地山：落花生大地，灵雨洒空山

与林语堂一样对花生有着特别喜爱的，还有民国时期另一位文化大家许地山。他写的《落花生》至今仍是小学语文课本中的必读课文，在他的笔下，他的父亲告诉孩子，花生的好处，不只在味美，可以榨油，价格便宜，最可贵的是，它的果实埋在地里，不像那些高高挂在枝头的果子，虽然不好看，可是很有用。

“那么，人要做有用的人，不要做只讲体面，而对别人没有好处的人。”文章的最后，父亲对孩子这样说。

许地山生于台湾台南，甲午战争后，三岁的他随父亲移居闽南定居。受到家庭的影响，许地山从小就对宗教学尤其是佛教产生了浓厚的兴趣，1927年，他从英国牛津大学研习宗教史、文学归国，在燕京大学文学院和宗教学院担任教授。《落花生》作为脍炙人口的名篇，也是许地山自己的人格映照，他尽管熟诸佛教经典，却以出世的心态，把改造社会、拯救人类作为自己的奋斗目标。

许地山曾带着妻儿专程来到南普陀寺，在他的短篇小说集《空山灵雨》里，有一篇《愿》，写的正是他来到南普陀的感悟。文章不长，却充满佛性：

南普陀寺里的大石，雨后稍微觉得干净，不过绿苔多长一些。

天涯的淡霞好像给我们一个天晴的信。树林里的虹气，被阳光分成七色……妻子坐在石上，见我来，就问：“你从哪里来？我等你许久了。”

“我领着孩子们到海边捡贝壳咧。阿琼捡着一个破贝，虽不完全，里面却像藏着珠子的样子。等他来到，我教他拿出来给你看一看。”

“在这树荫底下坐着，真舒服呀！我们天天到这里来，多么好呢！”

妻说：“你哪里能够……”

“为什么不能？”

“你应当作荫，不应当受荫。”

“你愿我作这样的荫么？”

“这样底荫算什么！我愿你作无边宝华盖，能普荫一切世间诸有情；愿你为如意净明珠，能普照一切世间诸有情；愿你为降魔金刚杵，能破坏一切世间诸障碍；愿你为多宝盂兰盆，能盛百味，滋养一切世间诸饥渴者；愿你有六手，十二手，百手，千万手，无量数那由他如意手，能成全一切世间等等美善事。”

1941年，许地山逝世，年仅48岁。端木蕻良为他作了一副挽联：“未许落花生大地，不教灵雨洒空山。”这也正是对这位文学家的心性最好的总结。

蔡元培：北大校长的素食朋友圈

1926年11月，厦大校长林文庆在南普陀招待来访的蔡元培先生，因为他知道，这位著名教育家、社会活动家，正是一名不折不

李石曾的豆腐公司1909年参加巴黎万国食物赛时的展位

扣的素食主义者。

早年间在德国莱比锡大学时，蔡元培受同学齐竺山的影响，开始对吃素产生了浓厚的兴趣。齐竺山告诉他，自己和好朋友李石曾，在法国开了一家极有影响力的豆腐公司，蔡元培听后大感好奇。

这位李石曾是一个奇人，其父李鸿藻在清朝同治年间曾任军机大臣，而他后来赴法国留学后加入了同盟会，成为国民党四大元老之一，也是后来故宫博物院的创建人之一。在法国，李石曾成立了“远东生物化学学会”，第一次用化学方法分析出大豆的营养成分与牛奶相仿，在法国成立第一家豆腐公司，开办中华饭店，被法国人称为“豆腐博士”。

1913年10月，蔡元培参与孙中山“二次革命”后，携家人来到法国游学，就暂住在李石曾创办的这家位于巴黎近郊科隆布镇的豆腐公司。他干脆把午、晚餐都包给了豆腐公司，餐餐素食，几乎尝遍了李石曾改良的所有豆类的衍生品——豆腐、豆浆、豆面、豆粉、豆皮等。两人因素食结缘，加上生活习性和意趣都很契合，遂成至交。

在担任北京大学校长期间，蔡元培甚至亲自在学校师生中大力倡导素食。1917年，有一位叫作林明侯的学生向《北京大学日刊》来信，建议校方推广素食，还要求公开发表自己的主见，并问："不知校长尊意如何？"没想到的是，蔡校长看到之后，马上批复道："鄙人甚所赞成。同学中有赞成斯举者，可速赴斋务处报名，以便议定办法。"这个批复意见与林明侯的《请于校内增设餐堂另订素食章程书》一起在《北京大学日刊》发表后，北大校内果然一度兴起素食的热潮，许多老师和学生都开始吃素食。

第二年初，蔡元培在北大发起组织进德会。1918年1月19日《北京大学日刊》刊登的《北大进德会旨趣书》中，规定了会员修身的最高等级是"八不"，其中，"不食肉"就是"正心修德"的一条重要标准。

语言学家何容晚年在《对"卯"字号前辈的一些回忆》一文，还记叙了一件有趣的事情。"五四"时期，天津学生联合会有一次邀请蔡元培去讲演，地点安排在维斯礼堂。联合会专门派代表到车站去迎接，但左等右等，都一直没有等到。打听了半天，才知道，原来，蔡元培自己先跑到天津大胡同著名的真素楼吃素菜去了。

在南普陀的几次素宴上，蔡元培与林文庆及厦门诸君聊到他的这些素食故事，也是宾主尽欢的一桩桩美谈，南普陀素食的寺院风情和闽南风味，又有不少是他在北方吃素食所未“经验”过者。他曾说过，吃素之后，自己“觉于吾之口及胃，均无甚不适，而于吾心则甚惬，遂立意久持之”，想来吃过南普陀素食之后，蔡先生也是身心倍感愉悦的。

那时候厦大的国学研究院，因林语堂等人的人脉关系，会集了一大批从北大南迁的学者，既闻老校长来了闽地，岂有不欢迎之理？老校长吃素，众所周知。于是，南普陀的素食宴上，蔡元培的素食朋友圈里不仅有原来任职北大的诸位教授，还多了不少从厦大慕名过来餐叙的新朋友，这让蔡元培更有快意。

他曾在《自写年谱》中，这样总结自己对于素食主义的观点：“适莱比锡有素食馆数处，往试食，并得到几本提倡素食之书，其所言有三益：一、卫生，如李君（李石曾）所言；二、戒杀，不肉食则屠杀渔猎等业皆取消，能因不忍心杀动物之心，而增进不忍心杀人之心，战争可免；三、节省，一方牧场，能以所畜牛羊等供一人一岁之食者，若改艺蔬谷，可供给十人之上。”

他的这个素食“三益论”，多被时人引用，1929年10月《佛化周刊》刊登的辑录于《法雨报》的《蔡孑民先生之素食论》，也对

佛曆二九五六年九月十一日　**佛化周刊**　中華民國十八年十月十三日　（三）

人羣普轉祝而求之矣。

柯南道爾在倫敦映示鬼影記

（理華館主）

萬國靈魂學會議在倫敦開大會時。著名靈魂學家亦即福爾摩斯探案著者柯南道爾氏某晚曾代表該會在王后宮殿內用幻燈影片映示所攝鬼影並演講靈魂學。一時陰氣森森令人毛髮悚然。其中最可怖者爲柯氏所示之「俠府之鬼」一照。該照係於晚間在公侯宅第內所攝。當時曾有不少人士親見其攝影。其中並有一國會議員亦目覩其事。足以證明此鬼照片由幻燈中顯示時。幾另有一副猙獰凶惡之容貌。令人生怖。少頃。觀衆方屏息靜待柯氏特將手杖向台上一擊。於是另一滿室蠹鬼之照片映於觀衆眼簾。此照係攝自一人跡當到而時有鬼出現之室內。照上所示室之一角另有一鬼面踴懸而別具一種凶怖之象。如英倫劇場中所飾惡徒。但決非若電影中所示妖魔之象也。

柯南道爾續映其他各種鬼影著木神、地神、樹妖、花神等。並謂此種影像。本常存於世間。惟因極細微且稍動即易逝。故不爲常人所見。然苟能立志堅決戰勝此困難。亦未嘗不能見之。世間固有不少人士。可目覩其影。但因不信神鬼之故。縱見後亦不自覺察。或不願告人。柯氏所示鬼照。其中有數張係在一九一七年及一九廿一年二約克歇亞女子所攝。並謂予曾加考慮深信此照却非虛造者。

其中又有一張照片係已故名小說家喬滿夫康萊之靈魂。柯氏謂予曾遇其靈魂。並告予設法爲彼超度。是見其在冥界現不安之狀。並提見吾儕生人。柯氏又續示已故海格伯爵之照片。該照片爲海格伯爵出殯時。當儀仗行經路中。某報攝影員在柩旁攝一影。後忽現一海格伯爵面容於柩蓋上。今柯氏攝此以示觀衆。並謂伯爵逝世後三日曾在冥間發一極長通信給予云。（錄法雨報）

蔡子民先生之素食論

子民在來比錫時。聞其友李石曾言肉食之害。又讀俄國託爾斯泰氏著作。描寫田獵慘狀。遂不食肉。嘗函告其友壽孝天君。謂蔬食有三義。一衛生。二戒殺。三節用。然我之素食。實偏重戒殺一義。因人之好生惡死。是否違心。尚未能斷定。故衛生家最忌煙酒。而我尚未斷之。至節用則在外國飯莊肉食者有長票可購。改爲蔬食而時價未見便宜。（是時尚未覺得素食飯莊故云爾。故可謂專是戒殺主義也）壽君復函述杜亞泉君說植物未嘗無生命。戒殺義不能成立。蔡先生復致函謂戒殺者非論理學問題。而感情問題。感情及於動物。故不食動物。他日若感情及於植物。則自然不食植物矣。且蔬食者亦非絕對不殺動物。一葉之蔬。一勺之水。安知不附有多數動物。既非人目所能見。而爲感情所未及。則姑聽之而已。不能以論理學繩之也。

上印光法師書

江謙

印公老師慧鑒。奉讀慈諭。敬悉一一。細稱前託汪朗周奉上之款。本爲家母老人作淨土資糧之用。至於如何用法。則聽吾師處裁。並稟承母命。叩求吾師爲證受三皈。正擬具書奉聞。不意吾母遂於六月初一日西向坐逝。先數日微示傷風感冒而已。起居飲食念佛一切如常。平逝之時。身無絲毫痛苦。心無絲毫貪戀。諸根悅豫。正念分明。捨報安詳。如入禪定。全家夙承母訓。忍痛念佛。佛光社男女親友。亦來相助念佛。身體冷後。頂部猶溫。自辰至申歷五時許。乃洗沐裝著。渾身綿軟。證之生西瑞相。蓋無可疑。逝後面貌莊嚴。含笑。現金黃色。勝於生時。見者稱歎嘖嘖。皆謂念佛之功不虛。家母婺源大畈汪氏。年十八來歸先大人晴舟府君。逮事程太姑及節孝姑。舉生子三。長謙。次謨。次樹。女四。長適洪。次適程。次適葉。次適汪。家母持躬淑慎。貞靜寡言。事上育下。曲盡孝慈。早歲即歸信三寶。學持經咒。中年晴舟府君以專學致病。賴母持家。子女婚嫁及鞠育諸孫。劬勞特甚。六十後。謙侍母寓滬。得淨土經數種。聞念佛法門。遂發信願。求生極樂。於時戊午。歲多至節。垂十餘年來。持佛號日必萬餘聲。或數萬聲。即因事牽擾。亦必數千。暇則令兒孫輩誦經。及因果故事。於大悲咒。觀音普門品偈。及普賢十大願王。皆常持誦。有所求禱。皆應念而效。去歲因跌傷足。慮爲廢疾。調治三月。而行走如常。今春朱匪擾徽。避地東家。經狹路過牛行[illegible]。舁夫興轎並顛仆田中。轎已分裂。而家母無恙。皆歎謂不可思議。蓋在輿中念普門品偈不輟也。家母今年七十有八。目明耳聰。無老狀。惟患氣喘。幾多去歲秋冬之交。思疾閉不能言語者三次。將舉家持誦觀世音菩薩號。衆服痰劑而復出。神安既而母曰。易若爲我念阿彌陀佛。迴生極樂。速離苦海之愈乎。謙謹以吉德因病念佛

零售每冊大洋二角

中國佛教公報發刊辭……仁山

飛來佛像頌……宋育仁

國外分發行所　巴黎　倫敦　柏林　紐約　特別　舊金山　台灣　新加坡

1929年10月《佛化周刊》刊登的《蔡子民先生之素食论》

他的素食理论作了详细的介绍。

和蔡元培一起来厦门吃素的马叙伦，是著名的爱国民主人士和教育家，新中国成立后曾担任第一任高等教育部部长。他虽然不是完全的素食主义者，却是在闲暇之余还出过美食专著的美食家，对于素食烹饪也颇有心得。

20世纪二三十年代，北京餐馆菜谱中有几道以当时名人命名的招牌菜，其中一道“马先生汤”即为马叙伦所创。他经常光顾一家叫作长美轩的菜馆，发现菜烧得极好，唯独汤不甚佳，就将自己所创的三白汤做法告诉厨师，长美轩据此仿制后，命名为“马先生汤”，品尝者无不交口称赞，遂成一时名菜。

所谓三白汤，是用白菜、笋、豆腐这“三白”，配以雪里蕻等20余种作料烧制，是地地道道的一道素汤。据说长美轩仿制的这道汤，虽然味道已经相当鲜美，但喝过马先生自己做的三白汤的人，依然觉得长美轩的要稍逊一筹，由此可见马先生的素食烹饪手艺之精。

马叙伦年轻时曾追随孙中山先生，是老同盟会会员，做人颇有气节。这道三白汤，也和他一生秉持的做人原则十分契合：清清白白，威武不屈，贫贱不移。

历经百年时光，在围绕着南普陀素菜的民国素食朋友圈里，谈笑有鸿儒，往来无白丁，他们各自开启了中国近代社会史的一个个人文篇章，也与闽地独特的素食文化史交相辉映，独立成“篇”。

从一套中国海军外交史上不为人知的“美食运动会”菜单，
到一席闽菜风味与海洋文化融合的船政宴，
浓缩了中国船政肇始和发展的150余年历史，
它以舌尖为媒，让人们更真切地体会到，
在近代中国曾经的至暗时刻，
东南一隅的福建船政，串联起怎样的大写意，
这其中又藏着多少动人的海洋往事。

一支舰队，一套菜单与一段船政往事

在20世纪90年代初，有一部由冯小宁导演的脍炙人口的电视剧《北洋水师》，在它的片尾曲中，有这么几句歌词：“东方有一片海，海风吹来五千年的梦。天外，有一只船，请带我飘向那天边。”

这部电视剧，也是关于中国近代那段屈辱和抗争史的一阕悲壮辞章。拨开历史的迷雾，清末至民国时期，在一套与海军和船政史密切相关的菜单中，隐藏着许多不为正史所记录的美食往事，它们由味道出发，抵达的却是历史迷雾中应该被唤醒的宏大叙事。

大白舰队访厦：数千人的一周“嘉年华”

在厦门南普陀寺藏经阁通往五老峰的路旁，每天熙熙攘攘的朝拜者，会经过一方大型摩崖石刻，字幅高1.4米，宽2.5米。不过，匆忙的人们或许大都只是路过，他们并不知道，这方刻于清宣统二年（1910）的石刻，记述的是清末的一段外交大事。

光绪三十四年冬十月，大美国海军额墨利提督座舰路易森那号、乏瑾昵呵号、呵海、呵号、咪率梨号仝石乐达提督座舰威士肯軨号、伊令挪意司号、肯答机号、凯尔刹区号来游厦门。我政府特简朗贝勒、梁侍郎、松制军、尚方伯、海军萨提督带领海圻、海容、海筹、海琛四舰及合厦文武官绅在演武亭开会欢迎，联两国之邦交，诚一时之盛典，是则我国家官、绅、商、民所厚望者也。

宣统二年仲秋，中军参府蔡国喜、水陆提督洪永安、兴泉永道郭道直、厦防分府赵时枫、候选知府傅政、花翎道衔叶崇禄、候补京堂林尔嘉、谘议局员洪鸿儒镌。

1908年10月底的一天，时任清朝海军提督的萨镇冰和贝勒毓朗、外务部右侍郎梁敦彦、闽浙总督松寿等，站在厦门的码头上，在猎猎风中望着远方的海面。当那支白色舰队的庞大身影从海平面

南普陀寺中的美国大白舰队访厦记事石刻

上逐渐浮现而后越来越清晰，身为东道主的萨镇冰，尽管已经见过很多大世面，仍然在兴奋中隐隐感觉到压力。

在这支航队确定到达日期后，萨镇冰便受命与这几位中央和地方大员，提前一个月到达厦门，他自己亲率海军四艘巡洋舰迎候。这支美国舰队在1907年12月16日由弗吉尼亚州的汉普顿锚地起航，开始了规模宏大的美国式环球海军外交，中国的厦门是其沿途访问的最后一站。由于舰队船只一律用白色涂装，故被称为“大白舰队”。

等候的时间里，萨镇冰和几位大员视察了所有准备工作，总体上是相当满意的。毕竟，清政府对这次外交活动极为重视，准备了

当年设在演武场的宴会厅场地

数十万两的白银，将街道和寺庙等修葺一新。为了显示大清帝国的“繁华”，更花巨资在南普陀寺前的演武场修建了一个“豪华会场”，安置电灯1000多盏，这也是厦门历史上第一次使用电灯照明。

抵达厦门的美国海军官兵，尽管已经走过了环球的许多城市，仍然被这种中国式的盛大热情震撼到了——后来，他们把厦门这个大型欢迎会场称为“乐趣城市”。这里有一座彩楼，两边悬挂清朝的黄龙旗和美国的星条旗，建筑风格中西合璧，美轮美奂。

他们还发现，中国人真的很用心，就连做成折扇状的菜单上，也都是黄龙旗和星条旗交叉舒展的组合，除了有用餐的菜单，上面还特意写明：“光绪三十四年冬十月，大美国舰游弋来华，我国大飨于闽省之厦门港，爰刊食单以志斯盛。”据说，不少美国士兵对

做成折扇的菜单，让很多美国士兵爱不释手

此爱不释手，偷偷把这特别的菜单带回国。

菜单暂且按下不表，先来看看在舰队访厦的一周里，这些美国人在厦门都经历了怎样的“梦幻时刻”。

从当时的《接待美舰队燕乐总目》中可以看到，这些天里，这支数千人的舰队成了一个大型“纯玩团”——清政府为他们安排了丰富多彩的体育、游览和娱乐活动，体育方面有棒球、足球、赛艇、角力（摔跤）等比赛，获胜者还有奖品，比如参加棒球和橄榄球比赛胜出的队伍，可以得到价值相当于1200美元的奖品。

游玩方面，围绕南普陀寺的主会场，中方特意请来当时知名的戏班，在新建的戏园中表演，还邀集了一些厦门民间艺人现场献艺，制作彩扎、泥塑等，有如一个闽南民俗的“嘉年华”。

在访问的最后一天，清政府耗费巨资燃放烟花，将这次欢迎活动推向了高潮，据史料称，这是当时厦门最大规模的放烟花活动。

11月5日8时，大白舰队尽兴而归，离开厦门时，官兵们颇有依依不舍之感，这个之前对他们来说有点神秘的东方大国，以这样一种超乎寻常的热情与创意，给了他们难忘的回忆。当然，“嘉年华”的背后，还是白花花的银子——美国人走了之后，萨镇冰和各位大员召集各路接待人马，算了算接待费用，竟然花掉了136万银圆，比最初的预算高出近100万！

银子倒是都花得各有去处，不说各种搭建和活动本身的支出，单是给大白舰队的纪念品，就有专请能工巧匠定制的价值不菲的景泰蓝巨觥和景泰蓝纪念盘；而为了让美国人喝得爽，在啤酒这一项，据说就花了14万银圆之多，要知道，啤酒这种东西在当时的厦门，还是绝对的稀罕物。

不过，上上下下都觉得，这银子花得值，“天朝上国”挣了个大大的脸面。客观来说，对于十几年前在甲午海战中惨痛败北的清政府来说，这也是向世界展现中国“实力”、促进中国与西方海军交流的一个契机。

美国人对此次中国海军的“地主之谊”也非常领情，两年后，特意派遣东方舰队哈卜提督来到厦门献赠银杯，以表谢意，这件事

厦门收藏家陈亚元收藏的大白舰队访厦纪念品

同样被刻在了南普陀那方摩崖石刻的对面，称为美国东方舰队赠银杯记事刻石：

宣统二年季春，承大美国东方舰队哈卜提督座舰差利司顿号、可利乏兰得号、察单奴嘎号、黑聆那号、限拉路哗司号献赠银杯，以报戊申欢迎之雅，兼作纪念。我海军处亦专派海军提督程壁光带领海圻、海琛二舰来厦领杯，并鸣谢忱。用缀数言于石，以示不忘云尔。合厦官绅再志。

美食运动会——中西交融的舌尖盛宴

现在该来说说吃的了。那个可以容纳足足3000人的巨型接待厅，本身也是一个超大的宴会厅。根据厦门文史专家洪卜仁先生所收藏的史料，舰队来访厦门的一周里，每天午晚两餐时段，这个宴会厅都大张华馔宴款待舰上官兵。清政府以毓朗、萨镇冰等官员组成的接待团，以及厦门官、绅、商各界人士，也多次在南普陀寺公请美舰的官员，或在南普陀专设下午茶会，并邀请各舰官员在寺内参观游览。

为了尊重美方来访人员的用餐口味，招待宴席的菜式对西餐有所偏重，但在菜单上也经常出现“各色饼食、点心、蔬菜、果品”等配置，更重要的是，作为福建人的萨镇冰，对于菜单的安排应该有较多的话语权，所以，如果细看那些天林林总总的菜谱，依然可以见到很多闽菜以及中国部分地区名菜的丰富菜色。所以，当时参加宴会的美

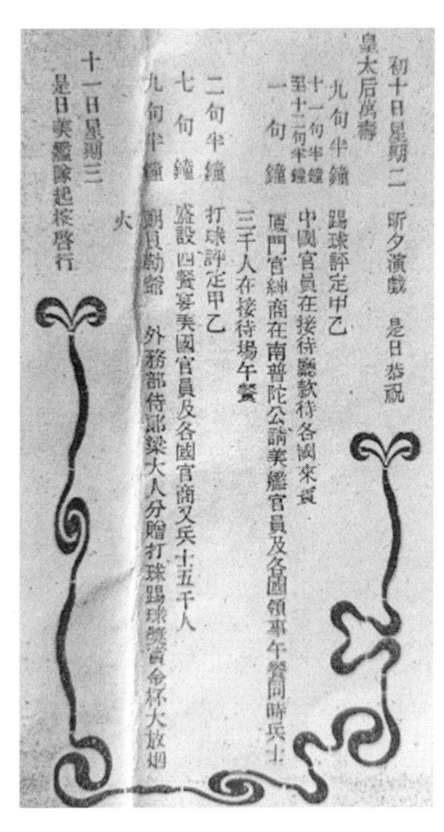
初十日星期二　昕夕演戲　是日恭祝
皇太后萬壽
九句半鐘　踢球評定甲乙
十一句半鐘至十二句半鐘　中國官員在接待廳款待各國來賓
一句鐘　厦門官紳商在南普陀公請美艦官員及各國領事午餐同時兵士
三千人在接待場午餐
二句半鐘　打球評定甲乙
七句鐘　盛設西餐宴美國官員及各國官商又兵士五千人
九句半鐘　鬮員勳爵　外務部侍郎梁大人分贈打球踢球獎賞金杯大放烟
火
十一日星期三
是日美艦隊起椗啓行

大白舰队的宴请，基本都在设于南普陀的接待厅进行

南普陀寺前的这场“美食运动会”，在清代外交史和美食史上都可谓盛况空前

舰士兵们，曾形象地把他们所经历的这次东方宴请，称为一场“美食运动会”。

翻开《接待美舰队燕乐总目》的菜谱部分，可以发现，除了酱三文鱼、烧火鸡、俄式生菜、什锦布甸、咖啡、啤酒等典型的西式饮食，许多闽菜名菜赫然在列，不消说，这些很贵的菜，在当时的福建恐怕也只有富豪才能享用。

比如，一品官燕、蟹黄鱼翅，都是闽菜里顶级的海珍干货菜肴；干炸生蚝，将大粒生蚝脱水后加上福建本地的番薯粉来炸，这是直到今天福建人仍然喜欢的炸物；蘑菇冬笋，看似素菜，却用闽

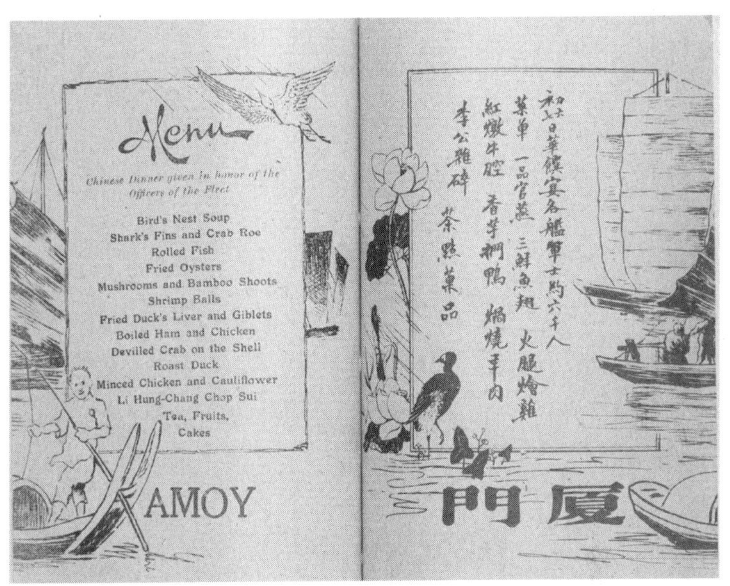

中西交融又具有闽菜风味的接待菜单

菜制汤技法中精妙的高汤腌制入味；焗酿蟹盖、水晶虾球、鸡绒菜花，也都是极具代表性的闽菜，如今依然活跃在闽人的餐桌上。

说到这个鸡绒菜花，“绒”也称为“茸”，鸡茸的烹制技艺就是古早、传统的闽菜制作技法，将鸡肉制成茸，需要非常精细的手工，现今的鸡茸金丝笋等闽菜名菜都源自这种技法。而菜单上的焗烧羊肉、火腿烩鸡、辣酱三文鱼、焗鸡等，细究起来，则算是中西烹饪技法交融的菜肴了。毕竟是“美食运动会”，各自的“运动项目”融合，对于参加的美方和中方人士来说，实在都是一种难得的体验。

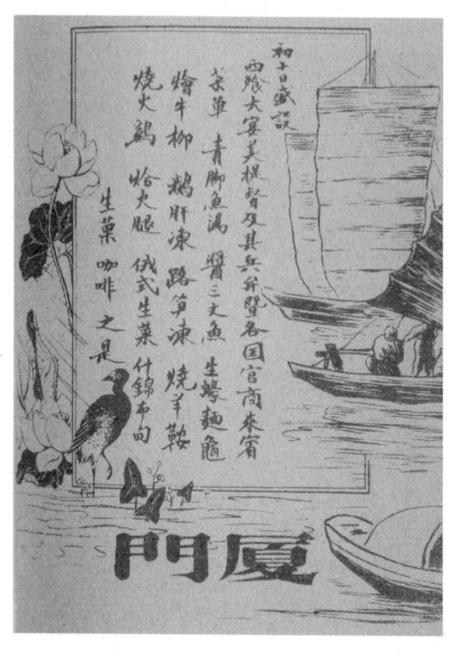

和十日盛設
西晚大宴美提督及其兵弁暨各国官商來賓
菜單 青脚魚湯 醬三丈魚 生蠔麵龜
燴牛柳 鵝肝凍 路笋凍 燒羊鞍
燒火鷄 哈火腿 俄式生菜 什錦布甸
生菓 咖啡 之是
厦門

大菜之外，一些闽南的小吃也进入了这套菜单

大菜之外，还有小吃，比如路笋冻、肉包、面龟、饼食等。面龟、肉包、饼食等是厦门家喻户晓的本土小吃。民间的小吃，当时竟能与各色名贵菜肴一样并列于盛宴菜单之中，或许也有宴席主理者借机展示和推广闽南民间饮食文化的意思吧。

路笋冻，有研究者说是芦笋冻，也有人说是厦门有名的土笋冻，至今未有定论。后者是用生长在海边的状似沙虫的“土笋”烫煮冷却并使其结出胶块，一直被称为厦门的“黑暗料理”，嗜者如痴如醉，但也有人觉得其味道辛腥怪异，敬而远之。有意思的是，2024年，一部叫作《沙丘2》的美国大片在中国热映，其中有一种巨型的会吞噬万物的神秘生物叫作“沙虫”，很像“土笋”的大屏幕视觉放大版，也因此带起了一波来厦门吃土笋冻的热潮。假如菜单里的路笋冻真的是它，也算是当年美国人来厦门品尝这个小吃后的时空“闭环”了。

在这套菜单里，还有一款出镜率很高的菜——李公杂碎，是一道以海参、鱼肚、鱿鱼、玉兰片、腐竹等制作而成的杂烩菜肴。名字听起来怪怪的，可是却与中国海军文化的精神领袖、北洋水师的奠基人李鸿章有密切关系。美国人对李鸿章很熟悉，而关于这道菜的由来，也有一个有趣的说法。

话说1896年前后，李鸿章出访美国，在纽约的住处招待美国客人吃晚饭，上的是中餐，客人觉得中国饭菜真香，把桌子上的菜一扫而空。之前准备的菜都上完了，客人还未饱。李鸿章急中生智，跟厨师一番交代，不一会儿，厨师端上了一盆五颜六色的什锦大烩菜来，实际上，正是厨房里各种剩余的食材边角料的杂烩。

客人一尝，更加高兴，便打听菜名。李鸿章自然听不懂那么多的英文，便拈须敷衍道：“好吃，好吃！”没想到美国人就听成了Hotch-potch（杂碎），他们酒足饭饱出门，正碰上等候在门外的记者来采访，忍不住将“李公杂碎”大大吹嘘了一通。第二天，这道莫名其妙由李大人冠名的菜就传播开来，以至于后来很长一段时间，在美国的中餐馆纷纷改名为“杂碎”馆，李公杂碎则由出口转内销，成了一道国际国内通行的一时名菜。张伯驹先生曾专撰《李鸿章杂烩》一文，称它“驰名国外，凡在欧美的中国餐馆，莫不有此一菜”。

故事是否属实已不可考，但由此可见，在接待美国舰队时，作为东道主代表的海军提督萨镇冰与当时接待的厨务主理者们，在菜单上真是煞费苦心，这场“美食运动会”，又何尝不是一场成功的“舌尖外交”呢？话说回来，出身于福建有名的萨氏家族的萨镇冰，除了军事家和政治家的身份之外，亦是一位见诸各种史料记载的美食家，这一套中西交融、精彩纷呈的接待菜单，也该是其参与的一次可以留名外交史、美食史的精彩设计了。

船政宴：穿越历史的复原与追寻

萨镇冰或许不会想到，一百多年后，在他的家乡福州，这套菜单的精华会被人们精心复原，呈现给希望追寻那段历史的人们。2023年10月，福州举办“中国厨师节”，一席由文史学者和闽菜大师共同复原呈现的船政宴正式亮相，引发轰动。

这一席船政宴，包含冷菜、热菜、点心、饮品等近20道菜品，而其中的大部分菜品，正是基于大白舰队访厦时的这套菜单复原而来——巧酿蟹盖、百花鱼卷、蘑菇竹笋、洋烧排骨、鳑肉鱼翅、翡翠虾球、锅烧羊肉…… 当然还有一定会出场的李公杂碎。

既名为“船政宴”，它所关联的则不仅仅是大白舰队来到福建的这短短一周，草蛇灰线，延伸千里，由舌尖所连接的，更是福建船政所引领的中国150余年来向海图强的宏大征程。

根据大白舰队菜单复原的船政宴

福建造船业历史悠久，至有宋一代，福建所造的“福船”，就是中国古代“海上丝绸之路”征途上的重要交通工具。当历史进入机械轰鸣的19世纪之后，中国面临“三千年未有之大变局”的时代，福建又在舰船制造现代化方面开启了全新的福船篇章。

第二次鸦片战争后，中国人痛思自强之道，在“师夷长技以制夷”的理念下，1866年，时任闽浙总督的左宗棠在福州马尾创办船政。从1869年6月中国第一艘国产千吨级木壳暗轮船“万年清”号诞生，到之后的曾经远航巡视西沙群岛的“伏波舰”、与“伏波舰”一起参与中法马江海战的“扬武舰”、中国历史上第一艘完全自主设计建造的蒸汽动力军舰“艺新”号、中国第一型全金属构造军舰“开济”级巡洋舰、亚洲第一艘自造钢甲舰“龙威舰”、甲午海战失利后继续奋发图强建造的“建威”号鱼雷炮舰和“建翼”号军舰……

从这里启程的每一艘舰船，背后都有着一段可歌可泣的历史，清末肇始的福建船政，也直接影响了民国时期以至新中国成立后的舰船制造业的发展。而船政之道，非唯“船”也，而是包括建船厂、造兵舰、制飞机、办学堂等一条完整的“产业链”，由此，也全面推动了造船、航空、电信、测绘等科技的诞生与发展，福建船政成为中国近代科技重要的摇篮之一。

福建船政从创始之时，便一直秉承“权操诸己”的宗旨，马尾的造船厂区，不仅建设成了全产业链配套的舰船工业集群，更在船政的行政核心船政衙门附近设立了中国第一所新式学堂——船政学堂，培养出了中国第一代船舶工程师；在船政相伴的马限山麓，开设了中国最早的职业技术学校——艺圃，培养出了中国第一代专业的造船技术产业工人。

萨镇冰正是船政学堂培养出来的佼佼者，他后来的许多同僚、许多在中国近代史上赫赫有名的人物，也经由船政学堂的滋养，以专业的学识和技能走向风起云涌的历史大舞台，成就大开大合的人生——刘步蟾、林泰曾、蒋超英、黄建勋、林颖启、林永升、严复、刘冠雄……

很多人不知道的是，20世纪初，福建船政的工业制造领域又扩大到飞机制造，并且达到世界领先水平；在船政大臣沈葆桢的极力推动下，船政引进西方电信技术，开设电报学堂，培养电信专业技术人才，依靠自己的技术力量开创了中国近代电信业；船政学堂在培养驾驶人才的同时，也造就了近代中国第一批测绘人才，开创和发展了近代海洋测绘事业。

这些由福建船政培养出来的综合人才，在民国时期继续长袖善舞，历经多舛的时代风云，顽强地延续着近代至现代中国宝贵的“科技血脉”。

2023年，在马尾的船政旧址——中国船政文化城里，建起了一个特殊剧场，一出总投资2亿多元的船政题材的文旅演艺《最忆船政》在这里上演，150多年的时光，以及这些值得被后人铭记的名字和故事，被浓缩进近80分钟的演艺中。甫一公演，便一票难求，火爆出圈。这部大型演艺作品的总监制、船政专家陈悦，也正是船政宴的重要推手之一。

看完《最忆船政》，去吃一席船政宴，或许是如今的人们追寻那些波澜壮阔历史的一趟精神和物质双丰收的特殊体验。由大白舰队的菜单到一席闽菜风味与海洋文化融合的船政宴，一道道菜上桌时，人们或许可以更真切地体会到，在近代中国曾经的至暗时刻，东南一隅的福建船政，串联起怎样的大写意，这其中又藏着多少动人的海洋往事。

事实上，由福建人所引领的中国近代至现代的“船政文化”，所带动的范畴常常令人意想不到。民国时期，上海《申报》曾有一则报道，详解了沪上闽菜兴盛之源起。报道中说，沪上本绝少闽味，清末开始上海成为重要的海军军港，而海军军官和士兵中福建人占据的比重很大，渐渐地就把闽味也带进了上海。

20世纪二三十年代，闽菜在上海风靡一时，沪上有影响力的闽菜馆有近二十家。据1919年《上海小志》、1930年林震编纂《上海指南》、1934年《上海市指南》等书记载，小有天、小乐天、中有天、消闲别墅、新有天、古益轩、南轩、永乐天、新有天、福禄馆、庆乐园、林依朋厨房等，都是上海名流追捧的闽菜馆。

民国时期确实是闽菜在上海“百花齐放”的高光时刻，当年在沪上请客讲究场面者，除了去西餐馆，就是到有新鲜海味而价格不菲的闽菜馆，闽菜与京菜、粤菜、川菜可谓分庭抗礼，甚至有先声夺人之势。1922年，商务印书馆编印的《上海指南》就记载说：“新鲜海味，福建馆广东馆宁波馆为多，菜价以四川馆福建馆为最昂，京馆徽馆为最廉。”

而大白舰队菜单里的一品官燕、蟹黄鱼翅、焗酿蟹盖、水晶虾球、鸡绒菜花等闽菜经典菜肴，在民国时期的上海、北京和其他重要城市闽菜馆的菜单里，通常也原汁原味或略有“变种”地出现，征服着时人的味蕾。民国以降，随着海军驻防中国各地乃至交往世界各国，作为那个时代“海军胃口”的闽菜沿江出海，将闽味传播到了更广阔的疆域，确实是闽菜传播过程中一条“有滋有味”的风景线。

那部已经被奉为经典的电视剧《北洋水师》的片尾曲中，还有另外几句歌词：“再不愿见那海，再不想看那只船，却回头又向它走来，却又回过头，向它走来。”激昂悲切，一咏三叹，是创作者对于那段历史难以言说的感慨。作为今人，能够在这一番延续至今的味觉盛宴中，回过头，走向那段历史，则何其有幸。

为集美学校和厦门大学倾尽一生资财的陈嘉庚，
晚年自己的住宅却是一座简朴的二层楼，
他为自己规定的伙食标准为：
每天五角钱，经常吃地瓜粥、
花生米、豆干、腐乳，加上一条鱼。
一碗地瓜粥，是平淡朴实的闽南乡土风味。
而对于一位教育家来说，便是一生食事中的淡泊与宁静，
其间万千滋味，何尝不是博大的情怀之所在。

陈嘉庚：一生食事，一碗地瓜粥

在厦门大学最具代表性的建筑嘉庚楼群前，矗立着一尊雕像，目光坚毅，穿过岁月更迭，透过熙来攘往，始终注视着这座美丽校园的一草一木。身后的这幢楼，正是以他的名字命名。

作为厦门大学的校主，陈嘉庚先生也是爱国华侨领袖，实业家、教育家和社会活动家。他倾其所有创办厦门大学，而他一生的食事，在这所大学，在他的家乡集美，成为后人念兹在兹的嘉庚精神的重要组成部分。

出卖大厦 维持厦大

1890年，年仅16岁的陈嘉庚辞别母亲，前往新加坡跟随父亲学习经商。到20世纪20年代，他已成为名副其实的东南亚“橡胶大王”，虽然富甲一方，但陈嘉庚却从不大吃大喝，更不抽烟，极少喝酒，粗茶淡饭伴随一生，始终保持俭朴的生活习惯。

他在回国办学前，将南洋的实业交给胞弟陈敬贤和公司经理李光前管理，同时，特地将公司的高层、中层职员召集到一起，设宴与同人告别。宴会设在陈嘉庚的新加坡恒米厂，餐桌特意摆成一个“中”字，吃的是中国菜，饮的也是中国酒。陈嘉庚以此向南洋同人表明：“愿诸君勿忘中国，克勤克俭，期竟大功。”

在陈嘉庚的多方奔走和努力下，1921年4月6日，厦门大学在集美举行开学仪式。虽然一开始还是暂借集美学校的部分房屋作为临时校舍，但厦大师生们并没有等太久，1922年，厦大第一批校舍落成后，师生们便迁往厦门新校舍上课，随着后续新建的校舍有序落成，招生规模也逐步扩大。

陈嘉庚像

民以食为天，师生们的一日三餐，自然也是校主陈嘉庚最为牵挂的事情之一。如果说教学楼提供的是精神食粮，那么食堂自然是不可缺少的物质食粮供应地。在厦大的初创期，陈嘉庚对于学校食堂的建设也常常亲自过问，精心安排。

在首批的厦大校舍建设中，设有东西膳厅和东西厨房、教职工厨房，学校的食堂配备基本到位，但是对于校主和学校管理层而言，招生人数的持续增长、用餐环境条件的改善，乃至后来的时局变迁等综合因素，都考验着校方具体而精细的管理能力，这其中，又有许多关怀备至的拳拳之心。

在1926年的一期《厦大周刊》中，刊登了一则消息，大意是：经过本校校务讨论，决定将教部闲房腾出修葺，专做女生食堂和厨房之用。在这则消息中，还特别说明了调整的原因——由于天气日益寒冷，女生外出就餐较为不便，所以作了这样的安排。建校初期，条件相对艰难，要考虑和协调的事情很多，但即便如此，学校的各种安排，很大程度上都基于学生的需求。

这样的细节比比皆是。1929年的《厦大周刊》八周年特刊，在介绍厦大卫生处概况时，也提到了当时对厨房卫生的重视：“除卫生处主任每日监督工人、视察各处、注意清洁外，对厨房的食物菜蔬等各项亦经常检查。”在饮食方面能够如此重视与精细，与校主陈嘉庚一直以来的关注是分不开的。

而当时的许多师生或许并不知道，因为时局原因，陈先生的企业经营状况一度陷入困境，但为了支付厦大等学校的校费，他不惜举债、变卖家产。1931年，他出售了过户给儿子的三幢别墅，全部充作校费。新加坡报纸以《出卖大厦　维持厦大》为标题，报道了这一消息。其拳拳之心，令人感佩。

不能让学生空着肚子读书

抗战期间，厦大被迫迁往长汀。而此时的陈嘉庚，因为时局的原因，既要操心南洋事业的经营，更要为中国国内的抗战大业而奔走。即使如此，他依然时时心系厦大，并不顾路途艰辛与劳累，坚持要来长汀校区看一看，看看他们学业如何，也看看他们有没有吃得饱、穿得暖。

1940年11月9日，陈嘉庚莅临长汀视察，对于当年的许多厦大学子来说，这一次与校主的会面，都是永生难忘的回忆。当陈嘉庚走下汽车，长汀城南郊响彻“吁嗟乎南方之强”的歌声，热情的师生们簇拥着陈先生，将他迎进礼堂。

在盛大的欢迎仪式过后，陈嘉庚利用在长汀逗留的两天时间，在时任校长萨本栋等的陪同下，几乎踏遍了长汀校区的每一个角落，检查校务工作，除了课堂、宿舍、图书馆、实验室，自然也少不了与学生饮食息息相关的食堂。

离开长汀前，他欣慰地对萨校长说："厦门有进步……比其他诸大学可无逊色！"并特意叮嘱萨本栋，务必要重视学生的膳食供应，不能让学生空着肚子读书。

抗战时期，学校艰难维持，但老校主的激励无疑给了全校师生极大的鼓舞。随着抗战的胜利，学校全部由长汀迁回厦门，由于学校院系扩大、师生人数增加，一时校舍不足，教职员和学生只好分散住宿在鼓浪屿、大生里、宏汉路等旧民房，维持教学，在日常饮食方面自然也多有不便。

陈嘉庚看在眼里，也下定决心，待条件许可一定重新建设厦大。1950年，他最后一次回到新加坡，将其在南洋的诸多企业陆续停办或转卖，将款项悉数汇回国内。当年5月，他回到北京后，婉言谢绝了中央领导一再挽留他定居北京的盛情，决定回到家乡集美，将汇回国内的钱用来扩建厦门大学和集美学村。

1950年12月，在陈嘉庚亲自主持下，厦门大学建筑部成立，他要将被日寇破坏的厦大校园恢复故观，并作进一步扩建，同时计划厦门大学的办学规模逐步发展到三四万人，而教学设施、居住条件、饮食环境有关事项，均在其列。

在主持扩建厦大基建工程期间，陈嘉庚经常从集美到厦大工地来回督察。或许，现在的人们很难想象，这个倾其所有建设厦大的七旬老人，每次过来，都要从集美龙王宫码头坐小客轮到厦门，上

陈嘉庚在厦门大学建南楼群的工地上视察

岸后再坐市政府的汽车到厦大。那时候，厦门的海堤还未修建，厦门与集美之间的来往，主要靠小筏子和小客轮。客轮又小又破旧，经常拥挤不堪，气味难闻，可陈嘉庚先生和乘客挤在一起，想着厦大一天天重建的新貌，却甘之如饴。

经过陈嘉庚的精心擘画、亲自督建和全体基建职工的共同努力，从1951年起至1955年，厦大焕然一新，总建筑面积比1949年前翻了一倍。食堂环境也大为改观。1953年竣工的竞丰膳厅，建筑面积1544平方米，在建成当年独得一个“大”字，大大地改善了师生们的用餐条件。关于“竞丰”二字的由来，《陈嘉庚与厦门大学》

厦大校园内的校主陈嘉庚塑像

一书中有一说法：陈嘉庚女婿李光前的家乡有处竞丰堂，寓意五谷丰登，陈嘉庚即以此命名，来嘉勉李光前长期以来协助他大力资助厦大所作的努力。20世纪50年代末，又陆续新建了可容纳300人的侨生食堂，也奠定了厦大食堂布局的全新路线图。

面对着欣欣向荣的厦门大学，陈嘉庚曾满怀激情地对身边的人说起他心中美好的未来场景："将有万吨十万吨的外国和本国的轮船从东海进入厦门，让他们一开进厦门港就看到新建的厦门大学，看到新中国的新气象，那巨大的客轮中将载来许多来厦门大学、集美学校学习的华侨子弟！"

最爱一碗地瓜粥

如今，在厦门集美的嘉庚公园归来堂的展厅内，许多游人都会看到这样的一段介绍，让人感佩万分：

陈嘉庚先生一生节衣缩食，简朴持身。他为集美学校和厦门大学兴建百十座雄伟的高楼大厦，晚年自己的住宅却是一所简朴的二层楼，既小且暗，但他十分怡然。他曾有数百万财产，晚年他却为自己规定的伙食标准为：每天五角钱，经常吃番薯粥、花生米、豆干、腐乳加上一条鱼。

陈嘉庚的儿子陈国庆在回忆其父在南洋的生活时也提道：

父亲有时候回家吃晚饭，和我们吃一样简单的饭菜，他吃一碗米饭，一碗番薯稀饭，喜欢吃稀饭配红豆腐，早上五点起床，先做徒手操，再洗温水澡，六点早餐，几个煮熟的蛋和一碗牛奶。在怡和轩俱乐部附近有许多中国菜馆，他从不花一文钱在饭摊或者饭馆吃饭。

厦大早期毕业生陈梦韶的印象中，作为闽南人的陈嘉庚喜欢吃番薯汤，虽然久住新加坡，依然忘不了家乡的味道。厦大演武场校舍建设时，建筑办事处设在市区颍川祠堂左边楼上，1920年夏天，陈嘉庚回到厦门就住在办事处宿舍，主事人设美馔招待他，每餐都有鱼肉和炒蛋，陈嘉庚却坚持说："还是买一些番薯来煮好，我最喜欢吃番薯汤。"

除了番薯汤，陈嘉庚也经常午晚餐吃地瓜粥、高粱稀饭，下饭的菜也是简单的炒花生仁、咸蛋、豆类、小鱼小虾等。即使是有客人来访，他也从不设宴摆席，而是用本地的乡土风味来招待客人，比如海蛎煎、海蛎汤、海蛎面线、槟榔芋头稀饭、炒米粉等。

这些物美价廉的闽南风味菜肴和小吃，深得外地客人的喜欢。有一年，陈嘉庚在北京开会期间，曾在饭桌上向周恩来总理隆重介绍了闽南特产炒米粉，分别时周总理还说，等鹰厦铁路通车，就坐第一趟列车到厦门吃炒米粉，可见其印象颇深。

1950年，陈嘉庚回国定居，他依然最爱吃地瓜粥，配菜常常是花生米、油条、豆豉、芋头等品种轮换，有时炒一点米粉，偶尔吃点海蛎煎、炸海蛎，即使逢年过节或有重要客人来访，也依然是用家乡的特色风味的简朴食品来招待。

当时，政府每个月付给他四五百元工资，他全数存入集美学校

陈嘉庚先生故居

的会计室，添为校费，而在自己的伙食费方面，他却吩咐炊事员每个月不超过15元。

1961年，陈嘉庚逝世。临终前，他把自己在国内银行的存款300多万元全部捐献给集美学校和其他公益事业，没有留一文钱给子孙。

在为萨本栋校长举行的送行会上，
厦门大学长汀校区的师生上台为他演唱了一首告别歌。
这是一首英文歌，反复出现的歌词是：
SUSAN，BRING YOUR HUSBAND BACK！
Susan是萨本栋夫人黄淑慎的英文名。
学生们用这样充满温情、亲密无间的歌词，
表达了他们对校长夫妇衷心的热爱：
Susan，请记住带你的丈夫回来呀！
在学生们的心中，永远不会忘记的，
是艰难的抗日岁月里，他们的萨校长是如何在
“一碟黄豆”里塑造了全新的厦大精神。

一碟黄豆造就“南方之强”

1937年7月，厦门大学教务长周辨明同时听到一个好消息和一个坏消息。好消息是，厦大被批准正式改为国立大学，而从国外赶回来赴任的新校长，是曾经在清华大学跟他颇有交集的萨本栋。

但坏消息接踵而至——7月7日，卢沟桥发生事变，日本人发动全面侵华战争。厦门大学地处沿海，日本人早在“五口通商”后

就对这座城市蠢蠢欲动，可以预判的是，这所风景优美的大学，用不了多久，就将完全暴露在自远东隆隆而来的日本炮舰的射程笼罩之下，哪里还能容下一张安静的书桌？

萨本栋像

自此，厦门大学这所本来正处于蓬勃发展期的年轻学校，与后来由北大、清华、南开组成的西南联大一样，开始被迫走上内迁之路。所不同的是，西南联大是跨省内迁，而厦大则是选择了福建省内迁移，时间线上则大致重合。

长汀时期，既是厦大师生最为艰难授课求学的一段历史，也是这所后来被称为“南方之强”的高校之精神的真正肇始。而这期间所流传的“一碟黄豆”的典故，更为厦大人所津津乐道。

内迁长汀

临危受命的萨本栋校长，下车伊始，就召集学校的管理层，紧锣密鼓地商量对策，来自北京和天津的几所高校的动向，他们也陆续有所了解，当务之急，就是抓紧一切时间，研究学校内迁的目的地。

教务长周辨明是厦门鼓浪屿人，他的父亲周之德是鼓浪屿有名的牧师，很多年前便在福建闽西的长汀四处传教了，熟悉当地情况，所以周辨明建议，内迁长汀。长汀属于福建西部的山区，按照他们的判断，那里山高路远，在较长一段时间内，日本人应该还是鞭长莫及。众人一致赞同了教务长的意见。

接下来的内迁准备工作紧张而有序。在萨本栋和周辨明的统筹下，1937年年底，厦大的300多名师生，拖着沉重的书籍和行李，越过崇山峻岭，风餐露宿，以徒步的方式，用将近一个月的时间到达长汀。

第二年的5月，日军即占领厦门，厦大校舍在炮击中部分被毁，另一部分则被征用为日军驻所。而此时真正的厦大，已经在萨本栋的带领下，在长汀恢复了正常的教学秩序。难以想象，如果没有当机立断的决策和妥善的安排，这所声名鹊起的高校将如何自处?

初抵长汀时的临时校舍，通过周之德牧师之前在长汀的朋友关系已经初步确认，但也只能因陋就简。但萨本栋觉得，还是要给学生更好一点的学习条件。于是，师生同心，从一砖一瓦开始，动手修建各种设施，竟然一步步修建起占地达150亩的毗连校区，在这个过程中，福建各地求学的学子也纷纷前来“投奔”，学生数达到1000多人，比内迁之前翻了两倍有余。

萨本栋出生于福建福州的名门望族雁门萨氏，家族祖先萨都剌出生于山西雁门，元代中期受赐萨姓，雁门萨氏入闽，到清代中晚期家族文教尤为兴盛，近代以来英才频出，这其中包括曾任北洋兼广东水师提督、北洋政府海军总长的萨镇冰，后来在抗战中以身殉国的中山舰舰长萨师俊，著名有机化学家、药物学家萨本铁，计算机科学家萨师煊等。

萨本栋在1921年以优异的成绩从清华学校毕业，赴美留学后又回到清华园。他的授业恩师梅贻琦，正是后来西南联大的“主持”校长。或许，加上这一层渊源，由这一对师生所缔造的抗战时期高校的特殊历史，有着诸多的相似之处。

从1937年到1945年，厦门大学在困境中成就了新的传奇。直到今天，“南强精神”仍是厦大最主要的学校精神，校内的主要教学楼之一亦称为“南强楼”。“南强”即“南方之强”的简称，这个精神便是从长汀时期真正成型。

一碟黄豆

初到长汀，物质生活可想而知的清苦，在教学之外，吃饭是首先需要解决的问题。萨本栋经过调查，让膳食部门作了细致而务实的安排。

比如，专门派人到各个产粮区尽可能地多采购大米、黄豆，特别是黄豆，因为学校要自己制作豆腐和豆浆。大米不够的时候，则

萨本栋与长汀校区师生合影

提倡吃糙米饭，既省钱，又富营养。而食堂用米的琐碎事务，萨本栋都要亲自过问，自己跑政府、求富户，派人到产粮区以优惠价格采购。1941年4月，他向教育部要求增加经费的信函报告里提道："上月糙米每市石80元，本月起由90元涨至180元。教职员及直系家属、工友等650人，学生465人，每生食米需37.8元，蔬菜、柴炭、油盐10元，膳食共47.8元，原缴18元，余下29.8元需要由学校垫贷。"可谓事无巨细，关心备至。

"餐标"方面，早期每日供应"两稀一干"，后来逐渐达到"一稀两干"，吃饱为止。早餐的菜有一勺黄豆或腌菜、萝卜干，中餐

1940年11月，陈嘉庚到长汀时，与闽籍师生合影

是一盘水煮青菜，汤由公共大桶里取用。那时候学生吃饭和青菜无须付费，每天三餐凭写着名字的竹签去领取即可。食堂尽其所能地找食材，但条件所限，平常配菜多为笋干、芥菜、山芋及萝卜，而学生更苦中作乐地把海带称为“铁板”，把空心菜叫作“钢管”，因为山区能找到的海带以及当地的空心菜，相对较硬，虽有夸张，但也真切。

虽然战时物资短缺，菜色少但吃得饱。横向对比，就连当时西南联大的学子们，据说有时候也只能吃考验牙和耐心的由“谷、糠、秕、稗、石、砂、鼠屎及霉味”组成的“八宝饭”，厦大能做到汤、饭不限量，又提供物美价廉的糙米饭，实属不易。

当然，对于正在长身体的学生来说，天天吃素也不行，所以只要有可能，学校也尽量想办法弄到一些肉，来给学生增加营养，每逢有肉供应，学校食堂里犹如过节。不过，最让学生开心的，是饭量不加限制，这一点尤其受到当时的“流亡学生”和贫困的内地学子所欢迎，毕竟，多吃饭最可以填饱肚子。

只是碰上缺粮时期，大家也只能集体忍一忍，因为，师生们都知道，他们的萨校长也跟大家一样，没有优待，率先垂范，吃起了地瓜。对于萨本栋来说，学生的身体健康与教学工作同等重要。所以，除了经常到学生食堂查看膳食质量外，他甚至要亲自操心食材的问题。

在这种状况下，黄豆成了最受学生欢迎的食材，对于这些相对意义上的“素食者”来说，植物性蛋白的摄入简直就是性价比最高的营养供给。但他们爱吃，别人也爱吃，所以曾经有一段时间，长汀和周边的黄豆供不应求，价格上涨，在资金紧张的情况下，眼看着最让大家眼巴巴的豆腐、豆浆和黄豆本身都得减量了。

萨本栋对此高度重视，他亲自出面，想方设法向各方交涉，要求对每个学生每天供应二两平价黄豆。经过萨校长的一番周旋，好不容易才争取到相关方面的支持，保证了学生不仅有豆浆喝，而且几乎三顿饭都有一碟黄豆搭配。盐煮黄豆是最常见的做法，偶尔也会用一点点肉皮汤熬煮，这就够让大家激动了。

“黄豆加笔杆，顺利完成了四年学业。”当年的学生们曾这样戏说。确实如此，厦大长汀时期很多学生记忆中的早餐都是和那一碟碟黄豆有关，煮得极烂，味道香极了，而且打豆子的厨工“一人一勺，不讲情面”，大家自觉地认识到：“这是抗战时期厦大学生的基本营养，在那种困难时期能有此公平待遇，现在回想起来知足矣。”

不少老厦大人还在回忆文字里提到，当时大家身体都还挺结实的，印象中似乎找不出同学中有面黄肌瘦、弱不禁风的，这跟萨校长重视学生基本营养保证有很大的关系。这一碟黄豆的故事，由此在学校内传开，当年的厦大老校友在回忆起长汀时期时，常常会记起，他们就着黄豆在灯下发奋看书，一豆入口，字字入心，这感觉，让他们觉得，自己真的很“强”。

尽管如此，对于一些正处于特别能吃的年龄的学生来说，有时候对校办的膳食也有不满情绪，某次竟至酝酿罢课。萨本栋闻讯后，马上召集学生在大礼堂开大会，他先认真听取了学生的意见，继而耐心说明校方的难处，并提出改善之道。这样信息透明的做法，让学生报以热烈掌声表示满意，罢课之事也就此平息。

关于萨本栋平易近人的许多故事，在学生中广为流传。一次师生全体大会上，萨校长作报告，特别提到，博爱斋的新生饭量特别好，每月能吃米二斗八升呢！一时间学生哄堂大笑。

箪食瓢饮

经济系学生徐麦秋当时在博爱斋被选为膳食委员，每天经办计发食堂用米，他曾回忆说，自己“对按用膳人数计算合理用粮多少没有概念，是否浪费甚或走漏更是茫然”，然而萨校长操持校务大事，同时讲授多门重要课程，终日辛劳，席不暇暖，却连食堂用米事务也要过问，并如数家珍，实在令人佩服。

“箪食瓢饮，短褐粗衣，夜烛晓窗”，是长汀时期厦大的真实写照。但为了让大家有更好的学习和生活条件，萨本栋率领全校师生，一面尽力节流，减少学校的一些支出；另一面则设法开源。在节流方面，萨本栋自己带头降校长俸，仅按三成五来支领，校长公馆设在仓颉庙，仅有一间卧室和一间饭厅，饭厅还兼作会客厅。萨夫人也是勤俭持家，自己在空地种菜，还经常用自制的点心款待来访的学生。

在长汀相对艰苦的环境下，厦大膳厅给学生提供的，却往往是明媚的时代记忆。有学生曾生动地描述当年的情景：“可容多少人用餐？我说不清也没有数。学生用膳虽有定时，却不一律，由于课时不同，用膳有先有后，或早或迟，高峰时门庭若市，迟来向隅，吃站饭的也不乏其人。我住映雪斋时，因膳厅近在咫尺，常端饭菜回去吃。夏天赤膊，冬日烤火，好不逍遥自在。低峰时门可罗雀，同学占据一桌，独霸一方，任你谈笑风生，只不许喧哗酗酒，膳厅规章不得有违。”

1946级会计系的校友曹大斑曾回忆：“校园里有多个膳厅，中心广场膳厅是老大。它位于广场西边，与囊萤斋毗邻，映雪斋对面，距笃行斋一箭之遥。走进膳厅大门，迎面是天井，台阶上架着一条长长的水槽，装有一排龙头，细水长流，三餐不断，水槽两端各置大木盆一只，满盛热水，是专供用膳人洗涮食具用的。膳厅很大，整齐排列着许多方桌和长凳。”

当时，菜肴虽然相对单调，却是“四季常青”——青菜供应，随季节变化，一人一盘。“手到摘来，犹有余热，倒挺方便。喝的菜汤只有盐味，没有油水，面上还浮着些许葱花和菜叶，发出诱人香味，令人馋涎欲滴，你想进而捞取沉在桶底依稀可见的汤料，那非一勺之功，非有相当耐心和‘水中捞月’的技巧不可。”苦中作乐，甘之如饴，学生们一边努力求学，一边尽量填饱肚子，一派满满的正能量。

据当时校友回忆，有一段时间，男女同学进去餐厅后，经常分开来吃饭，而且是站着吃饭的，因为没有椅子，就连礼堂听报告也是站着的。不少同学都在日记里面提到，在长汀时期的厦大四年，物质虽苦，精神上却是愉快的，大家都充满着希望，他们自认，厦大“大的团体”给了他们这种信念和力量。

厦大教授郑朝宗在《汀州札记》中，也曾提到当时这种精神的

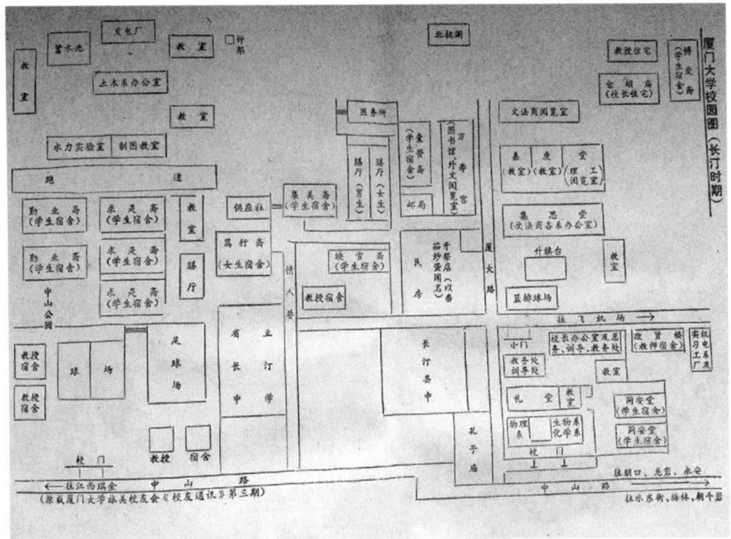

长汀时期的校园地图

重要性："抗战胜利后一年，厦大从长汀迁回鹭岛，海滨邹鲁毕竟不同于落后山区，三十多年来，学校面貌变化之大，培育人才数目之多，远非当年所可比拟。然而，人们决不会因此而低估长汀时期的成就，那是在十分艰苦的环境中奋斗得来的。一切事业的完成总要靠两个条件，即精神的与物质的，长汀时期的厦大靠的主要是前者。"

厦门大学当时已实行导师制，学生会到导师家里蹭饭吃，帮助师母洗菜、洗碗，导师与学生聚餐喝茶，畅谈学问与人生。在文学家施蛰存看来，这样的情景，成为战时厦大的一种极具魅力的人文环境和氛围。

长汀时期的厦大学生们有着自力更生的精神，除了吃食堂之外，有的学生开始自己学着烹调，菜肴花样居然渐次丰富。在他们自己动手的菜肴里，板栗焖鸭据说就是一道经典招牌菜。因为位于闽西山区的长汀盛产板栗，一到秋季，板栗收成，正好鸭子在越冬前肉质最为肥厚鲜美，板栗焖鸭便成了应季的家常菜。有板栗果腹，又有难得的鸭肉以解馋嘴，可以算是当时学生心目中相对高档的佳肴了。

而开源方面更加考验萨校长和学校管理层的智慧。他多次出面向当时的教育部力陈学校办学困难，不断为厦大争取经费；同时，因地制宜，积极设法获取长汀县政府及周边地区人民的支持；基于萨校长海外留学的人脉，厦门大学甚至还收到了美国波士顿、斯坦福等大学师生赞助的款项。

当年的校务会成员之一邹文海教授曾说过一件趣事。萨校长为了筹集学校必要的宴请和聚餐费用，想方设法筹集独立财源，而这个尤为独立的财源，竟然出自“全校粪便经人承包后所得的价款”，真可谓“点粪成金”，没想到这一来，倒真是筹集了可观的金额。学校同人们一面佩服萨本栋涓滴归公的精神和创意，又不禁调侃道，我们的聚餐亦可称为“粪便宴”也。

南方之强

为厦大学生申请“战区膳食贷金”，是萨校长的又一创举——把定额的“嘉庚奖学金”改变为供应全年的膳食费，增加免费生和贷金名额，设立生活自助委员会，为学生介绍工作，为家庭困难的学生介绍校外兼职工作，等等。其中的贷金制度，是当时南京政府教育部创立的适用于战区学生的一项措施，每月贷金额不低于伙食费，保证吃饭是没问题了。

萨本栋校长领导下的厦大校方对学生资金的管理和使用非常重视，为了保证把有限的贷金用好，组织了有学生代表参加的膳食委员会，听取代表意见，进行民主监督管理，膳食经济公开，按时公布收支账目。膳食有结余时，每逢节日，膳委会常会让伙房做些荤菜让大家打打牙祭。虽然那时候物价上涨幅度常有调整，但学生的伙食质量似乎没有怎么降低，这尤为不易。

1942年《厦大学生手册入学及宣科要览》里有这样的记载：学生进入厦大之后，奖学金、助学金、贷金、闽西救济金等各种津贴，使其生存得到基本保障，挑灯夜读时，再也不用担心“第二天的饭钱”如何解决了。

长汀时期，厦大成立的有学生参与的膳食委员会，进行食堂的民主监督管理，通过与用餐师生的互动，通过学生膳委会这个桥梁，通过各种相关的活动加强与师生的沟通交流，不仅推动食堂管理的有效进步和提升，也无形中使得学校的凝聚力大大提升，可谓一举多得。

1943年，“二战”形势出现重大转折，中国人民开始看到胜利的曙光。萨本栋心中燃起了新的希望，他计划在这几年来迁汀后厦大发展的基础上，针对逐年增加的学生和日益增长的学习生活环境需求，扩建教室、校舍和相应的设施，其中就有大膳厅的安排。

在长汀校区主政八年以来，萨本栋治校有方，筚路蓝缕，辛苦经营，使得战时的厦大反而声誉日隆，有外国学者称赞其为“加尔各答以东最完善之大学”。1947级土木系的学生林昌骏这样评价他心目中的萨本栋校长：“萨校长把自己的生命和智慧作两根支柱搭了一个梯子：让厦大从最底层攀到最高层，成为全国名校之一；他又留给后人一个宝贵财富，那就是萨本栋精神。”

长汀岁月，由陈嘉庚先生一手创办的这所南方知名学府不仅没有因战争而湮没，反而成为真正的“南方之强”，萨本栋校长功不可没。

然而，多年的呕心沥血，让萨本栋健康状况每况愈下，在抗战胜利的前一年，他不得不提交辞呈。在送行会上，厦大师生上台为他演唱了一首告别歌。这是一首英文歌，反复出现的歌词是：SUSAN，BRING YOUR HUSBAND BACK！

Susan是萨本栋夫人黄淑慎的英文名。学生们用这样充满温情、亲密无间的歌词，表达了他们对校长夫妇衷心的热爱：Susan，请记住带你的丈夫回来呀！歌声中，他们仿佛看见了他们的校长与夫人，偷偷地擦拭眼角的泪水。

1946年，厦大设立“本栋奖学金”。三年后，萨本栋病逝于美国加州医院，再也没能回到热爱他的厦大师生的身边。

甜薏仁粥、炒猪血、油炸咖喱鱼、炒豆腐干丝、红烧牛肉、
厦门卤面、薄饼、蛋花汤、蛋皮包肉燕、蔬笋羹、雪里蕻炒肉丝……
民国时期厦门大学食堂里的许多老菜，
是闽菜近代发展史上一个独特的组成部分，
在其中，有书生意气挥斥方遒，有艰难时代苦中作乐，
也有操守气节无问西东，舌尖与时代的同频，
是不会远去的年华似水。

舌尖与时代同频
——厦门大学的民国老菜

自建校伊始，到抗战的长汀时期，直到新中国成立之前，是厦门大学筚路蓝缕的创业期。而这所高校在民国时期的诸多老菜，无意中与时代和历史展开许多同频的故事，可谓“一饭一蔬皆历史”。

甜薏仁粥：一碗很科学的粥

甜薏仁粥，以薏米、大米为主料，营养丰富，甜润可口，是厦大年代菜肴里的甜蜜记忆担当。厦大的甜薏仁粥的特别之处，是选

薏仁粥

用红糖来调味，这源于当年林文庆校长的一个科学主张——考虑到年轻学生身体发育需要红糖，所以特别指定厨房每周至少有一次用红糖熬煮薏米的甜粥。

有着深厚医学背景的林文庆，对学生的营养健康不仅极为重视，而且颇有研究。他曾经专门撰文谈他理解的饮食科学道理：各种壳类的内皮，都含有“伟大民”，但若磨舂得太精光，就把大部分的“伟大民”和盐分都去掉了；我们吃精白的米或麦粉的时候，如果不多用些生鲜的菜蔬、蛋、肉、牛奶和水果，一定要发生脚气病，有时候可以致死。

所谓“伟大民”，就是后来所说的“维他命”（维生素）。所以林文庆认为，学校、军队和船中，若要不发生这种病症，最好的法子，就是不吃舂的白米和磨精的麦。这个观点，放到现在依然适用。

20世纪20年代初，厦大首届学生叶国庆在其刊发于1948年10月14日的《江声报》文章中，也特别提到当时学校对学生饮食的关心：“当时许多外省同学不能适应闽南潮湿的气候，容易患脚气病，学校每星期就会分发一次面包和甜薏仁粥，每到这个日子，大家都吃得大腹便便的，很是开心。”

炒猪血：老校长的另一款“最爱”

对于林文庆以科学原理管理学生饮食的做法，早期厦大毕业生陈梦韶（《阿Q正传》剧本作者、《鲁迅在厦门》作者）印象也很深刻：“他当校长初期，对学生爱护备至。同学有病，卧床不起，他和校医常到宿舍巡视。他劝同学要多吃猪血，说猪血含铁质多，又便宜。”

这也确实有科学道理，猪血含铁量较高，而且以血红素铁的形式存在，容易被人体吸收利用，还能为人体提供多种微量元素，能较好地消除人体内的粉尘和有害金属微粒，堪称人体污物的“清道夫”。

福建常见的猪血家常做法，是用青蒜一起翻炒，炒后稍焖收汁；也可切块后放入油锅里，加入葱花、姜末、蒜末炒至深色起锅装盘。早年厦大食堂里，这种闽式猪血菜肴通常也都是标配。

油炸咖喱鱼：鲁迅的配饭“神器”

早年间厦大西厨房的老炊事员陈传宗在20世纪80年代口述的《我所见到的周教授》一文中，提到当时鲁迅在食堂包饭的情景：每天三餐饭，厨师做好后由他送到鲁迅宿舍，在他印象中，鲁迅每餐通常吃两小碗米饭，最爱吃炸鱼，特别爱吃的就是油炸咖喱鱼。

许广平曾经说过，鲁迅喜欢刺少的鱼，因为剔鱼刺要多花费时间。而萧红在其回忆鲁迅的文字中，也提到先生喜欢吃炸物。油炸咖喱鱼取材自厦门本地产的鲨鱼肉，去骨和刺，腌制后挂脆浆炸酥，食时斩块，淋上咖喱酱，是旧时厦门烧酒摊比较常见的炸物，多配有芫荽、黄瓜片、西红柿片等佐食。

咖喱酱是从南洋一带经由华侨舶来的调料，油炸咖喱鱼在闽南风行，也印证了当时厦门作为中国沿海重要口岸与东南亚国家的往来所带来的饮食格局变化，颇具“海丝风情”。

炒豆腐干丝：江浙风韵入闽味

川岛（章廷谦）在《和鲁迅先生在厦门相处的日子里》文中提及，1926年12月底，他到厦门的第二天午后，便给鲁迅送去糟鹅、茶油鱼干、麻酥糖等，“我们去的时节，鲁迅先生刚吃完午饭不久，碗盘未撤，桌上放着一个五寸红花碟子，剩有半碟子菜，是炒豆腐干丝”，于是，“我们就从那剩下的半碟豆腐干丝说到饭菜，鲁迅先生说今天这个还算是好菜，可吃下半盘去”。

炒豆腐干丝，有江浙菜的风韵，也怪不得鲁迅会喜欢。它以干豆腐丝为主料，先把葱姜分别切段和丝之后，放入加油的炒锅中煸炒，再放入干豆腐丝翻炒，也可加入少许辣椒调味。

红烧牛肉：“隆重”的接风洗尘菜

同样在川岛的回忆中，1926年12月24日他偕家人乘船到达厦门，鲁迅兴致勃勃地召唤了林语堂、罗常培等人一起迎接，并为他们一家安顿好住处。

当晚，已先行到厦大国学院任教的顾颉刚派人送来一大碗红烧牛肉和一碗炒菜花，算是对他们隆重的欢迎。虽然此后短暂的相处里，川岛因为鲁迅和顾颉刚之间的互生嫌隙而有些尴尬，但想来当初那一碗红烧牛肉，带给他的初次印象和心情还是很不错的。“已经过了冬至了，厦门还是初秋的景色，在海滩上撒着贝壳。像我这样一个久居北方的人，乍到此地，面对这样的自然环境，确是感到新鲜的。”

红烧牛肉是一道传统菜品，主料是牛肉，配之其他辅料，主要是香辣或五香口味，汁稠而肉酥香。如今厦大学生在食堂打一份红烧牛肉，未必知道还有那么一段教授逸事在其中了。

厦门卤面：碱与卤的绝配

卤面是闽南特色小吃之一，漳州、厦门和泉州依地域饮食习惯，味道略有不同。但共同点是面一般都为碱面，闽南话称“水面”，因为碱面的韧度与“卤”的稠滑可以完美结合。

汤是卤面的重要精华，评价一碗卤面是否好吃，就要看这碗浓郁香滑又略带点甜的汤头是否到位。在熬上许久的大骨浓汤里加入各种配料，等煮出味道后加入湿淀粉勾芡，最后在沸腾的汤里打上蛋花，卤面的汤头就做成了。

林语堂的夫人廖翠凤极擅烹调，在厦大任教期间，林语堂多次邀请鲁迅、孙伏园等人到其家中吃饭，卤面便是林太太的拿手主菜之一。廖翠凤很豪气地烧出大锅大锅的厦门卤面，汤头用鸡汤熬煮入味，是非常地道的厦门做法。

薄饼：一卷融山海

闽南地区有春节、“三月节”和清明节吃薄饼的习惯，特别是清明节期间尤为普遍。薄饼的叫法也略有不同，有薄饼、润饼、春卷、春饼等各种叫法，是福建传统名小吃之一。厦大食堂在相应的节令，一般也都会供应薄饼，后来慢慢演化为日常供应。

卤面

薄饼由皮和馅两部分组成，薄饼皮用面粉做成，讲求薄和柔韧，市场上有专门制作饼皮出售的摊点。馅料上则以猪肉丁、冬笋、豌豆、豆芽、豆干、虾仁、胡萝卜、海蛎等为主料，搭配海苔、花生酥、油酥扁鱼干、甜酱等佐料，颇有福建的山海融合之感。

卷薄饼是一门技术活，可以先在皮上抹点甜辣酱，加入焖熟的菜料、油酥海苔、油煎蛋丝、肉松、芫荽和花生酥等，卷紧实之后，一口咬下去，馅料喷香。此外，薄饼还可以油炸，那就成了另一种小吃炸春卷了。

1926年岁末，鲁迅离开厦门前在厦大教务长周辨明家品尝的薄饼宴，给他留下了很深刻的印象，热情的主妇递过来的“比小枕头还大的薄饼”，是他在厦门的美好回忆之一。而林语堂作为地道的

薄饼

闽南人，自然从小就吃了不少薄饼，后来虽然一家人搬到了美国纽约，还坚持吃薄饼的习俗，传统的配料、佐料一个都不能少，三女儿林相如还会自己烙薄饼皮，林语堂对此引以为傲。

蛋花汤和蛋皮包肉燕：一颗蛋的意趣

厦大内迁长汀时，是抗战时期最困难的日子，部分学生为改善生活而兼职，当时的这些年轻学子，也懂得适时改善一下自己的伙食。有长汀时期的学生回忆："改善生活有了钱，两三人一起劈栏或分摊，找一家合宜小酒家，炒一大盘牛肉，上一大碗蛋花汤，一壶老酒，共话'皇帝牛食麦'，一醉方休。"

1946级机电系的校友卢传曾校友，则以蛋花汤为主题写了一首小诗《蛋花汤（花非花）》，饶有意趣：

大木桶，花鱼湖，
鱼下游，花上浮。
静看湖中鱼穿梭，
动惊鱼花无觅处。

而擅长烹调的学生，则无意中以蛋为原料，发明了当年的某些闽菜融合款。比如，将鸡蛋打成液在锅里烤成薄片，做成外皮，仿闽菜肉燕的做法，里面包入馅料入锅蒸煮，便成了学生版的蛋皮包肉燕。

肉燕是福州的传统闽菜小吃，其皮也是用肉捶打后制成，是为“肉包肉”。困难时期，肉自然是奢侈皮，以蛋皮为“燕皮”包好，蒸熟放水里煮沸后加入点葱花，已是无上美味。

蔬笋羹：气含蔬笋到公无

如果某一天终于有难得的猪肉可供打牙祭，长汀的学生们便会将猪肉和各种蔬菜一起剁碎，调上地瓜粉成块状蒸熟，再切成小块，泡入清汤中，美其名曰“蔬笋羹”。

据当年的老厦大人回忆，如何反复揉搓让干粉深深嵌入肉和蔬菜纤维里，是这道菜的关键，很考验制作的功力和耐性。成品的蔬笋羹，汤绵肉嫩，鲜爽滑润，一看就让人很有食欲。

“蔬笋”之意，来自苏轼《赠诗僧道通诗》的“语带烟霞从古少，气含蔬笋到公无”，本意用于描述僧寺的清寂幽深。厦大长汀学子引此为名，一则寓意单调并不精美的菜肴，二则也是特殊年代里中国年轻知识分子对于气节和操守的某种寄托。

雪里蕻炒肉丝：火爆的“海德公园”

在《厦门大学1946级级友毕业五十周年纪念特刊》里，教育系学生王光奎有一段关于“海德公园”与食堂吃饭的回忆。他说，快毕业的时候，时任校长汪德耀先生要聘请他任教育系的助教兼大学训导员，当时厦大已陆续从长汀搬回本部了，然而那时候厦门物价飞涨，金圆券贬值，除了教授的宿舍餐厅，其他食堂都是以港币来计价，每次点一个菜，要分油、盐、饭、菜分标单价，总共加起来才是这一盘菜的总价。“比如雪里蕻烧肉丝，我点一下这个菜，李老师会点什锦汤。那大家同一张桌子吃饭，其他的同人也不时地又加其他的菜肴进来，然后这样就变成全席，然后大家一边吃一边聊。谈笑风生，佳味纷呈。”

这个场景，后来被学生命名为“海德公园”。“即使是在特殊的困难时期，大家这样一边吃饭一边畅所欲言，不论是政治、经济、法律、动植物学、文学诗词、人生哲学，不同的独特见解，交错辩驳，煞是热闹。让人如坐春风，获益匪浅，和教室课堂能获得的不太一样，有的时候也会大放厥词，宛如英国海德公园肥皂箱上的演讲。”

雪里蕻烧肉丝则是“海德公园”里最受欢迎的菜之一，其做法是将里脊肉腌制后切丝，放入油锅里稍煸炒后盛出，再放蒜末、干辣椒爆香后，加入雪里蕻，最后放入肉丝一起翻炒。“海德公园”里的雪里蕻炒肉丝，其口感也应该与当年学生们辩论演讲的火爆相映成趣了。

在那个长沙的冷雨天，
一个我们所未必“见”过的林徽因，
正在糟糕的天气和难言的饥馑中，
思念着一种对她来说似乎已经很久远的味道。
如果这时，能叩开她的门，帮她生起炉火，
和她讲讲故事，或许我们会对她说——我们终究记得的，
还是那个“人间的四月天”，记得一树一树的花开，
记得燕在梁间呢喃。最美的容颜、才识与时节，
与曾经最美的人间烟火气，
依然是你留给我们的关于爱、暖和希望的人生最美诗行。

林徽因：“人间四月天”的最美烟火气

1924年4月，算得上是中国新历的一个“人间四月天”。这天晚上，北京法源寺的双栝庐异常热闹，这里正在举行一顿特别的晚宴，同席者几乎可称为民国的“梦幻组合”——梁启超、蔡元培、胡适、梁漱溟、蒋梦麟、辜鸿铭、熊希龄、梅兰芳、梁思成、徐志摩……

这样一群当时名士的云集，所要宴请者自然也并非一般人，正

是亚洲第一位诺贝尔文学奖得主、印度著名诗人泰戈尔。而设宴之人，则是时任北洋政府教育总长林长民和他的女儿林徽因。

由这一顿民国著名的闽菜大餐所引出的，不只是当年诗人文人的诗情画意，或许也有独属于民国才女林徽因不为人知的另一种“人间四月天”。

福建家宴的一次高光时刻

名满天下的泰戈尔，应邀访问中国，自然是彼时的一桩文化盛事。据说他刚抵达中国时，竟有两三千人将道路围得水泄不通，只为见他一面。林长民亲自在北京前门车站站台迎接这位大诗人，将他从狂热的人群中“解救”出来，并做东设宴为其接风。

林长民是福建人，这样的大场面，所要上的菜肴，正是当时在京城大受欢迎且被视为高档的闽菜。所以，他和女儿林徽因特地请来了北京闽菜馆忠信堂有名的御厨郑大水来主理这顿晚宴。

早在晚清，闽菜就已逐渐成为京城的主流菜系，八旗子弟逛完八大胡同后，总要去吃一顿闽菜，才算“特有面儿”。而忠信堂则是京城西长安街最著名的闽菜馆，掌厨郑大水曾是末代皇帝溥仪的御厨，据说也是御膳房里薪俸最高的大师傅，他还曾被林则徐大女婿刘齐衔的长孙刘崇佑聘为家宴私厨，这次宴席的客人，此前也大都在忠信堂吃过他做的菜。

那天晚上的菜单上，果然是“一水儿”的闽菜菜肴，也可算是标准的福建家宴了。头汤称为真珠豆腐汤（真珠，即珍珠），闽菜的特点是擅治汤，真珠豆腐汤是闽菜系汤菜中的一道著名菜肴，虽然主食材不过是最普通的豆腐，但在郑大水的手中，却做出了珍品之感。

只见汤中一粒粒圆圆的豆腐丸子，形似精致的珍珠，在闽菜的做法中，“珍珠”须以纯正的贝汁烹制而成，故其汤色清澈而鲜醇，豆腐珠润甘爽，风味着实独特，作为头汤也相当合适。

林徽因和她的父亲看着泰戈尔开心地喝着汤，不禁心想，真正的大菜还在后头呢！

果然，此后次第上来的菜都十分讲究，称“五荤五素”：五道荤菜分别是醋熘黄鱼、红烧鱼翅、炒小牛肉、火腿鸡丝方饺和清蒸鸡，五道素菜则是炒油菜花、炒花芥蓝、焖豌豆、炒小白菜、香菇烧笋。同席辜鸿铭是福建同安籍人士，也是一个大吃家，这一桌吃下来，想来亦相当合他的福建口味。

餐后，按照西式的习惯，又特别为客人奉上甜点，是枣泥馅饼和杏仁酪，当然还有咖啡。这桌晚宴的菜单流出后，时人称其为“中西合璧，名气煊赫”，着实让闽菜在这次文化名宿荟萃的场合大放异彩，属于高光时刻，主厨郑大水的名声也因此在京城更上一层楼。

双栝庐晚宴食单

——招待印度诗人泰戈尔

赵金敏

双栝庐晚宴食单（折内）

远在2000多年前，印度同中国就有着密切的经济文化联系和友好往来。公元5世纪初，中国著名的高僧法显曾到达印度，参谒被称之为“佛国”的圣地，同时，印度僧人求那跋陀罗等人也陆续到达中国广州、南京等地。至近代，由于西方殖民主义的入侵，中印之间的友好关系受到阻挠，但是中印人民的交往并没有中断，1924年印度大诗人泰戈尔访问中国，是近代中印文化交流史上值得纪念的一件大事。

泰戈尔1861年生于印度加尔各答，他不仅是印度著名的作家、诗人，而且是世界闻名的大文学家。他16岁时就参加编辑并发表了一首长诗《诗人的故事》，30岁时他的英文诗集《偈擅迦利》震动了欧洲，1913年泰戈尔获得了诺贝尔文学奖，他把奖金全部献给了教育事业。泰戈尔曾多次游历欧美。1924年他已年过花甲，不远万里来到中国。他在我国各地讲演，并说此次来华没有什么礼物送给中国，只是表达了印度人民对中国人民的敬意。

泰戈尔的来访，受到中国各界人士热烈而诚挚的欢迎。当时我国进步的思想家、诗人林长民先生，于4月15日在北京法源寺双栝庐设晚宴招待泰戈尔先生。“双栝庐晚宴食单”就是这次宴会的纪念物。“食单”纵18厘米、横20厘米，右边彩印一幅手持莲花的菩萨像，左边墨书菜名八行，首行是真珠豆腐汤（见图），接下是荤菜：醋溜黄鱼、红烧鱼鳍、炒小牛肉、火腿鸡丝方饺、清蒸鸭；素菜：炒油菜花、炊花芥兰、焖豌豆、炒小白菜、香菰虾米烧笋；甜食：枣泥馅饼、杏仁酪，以及水果、咖啡。菜品虽不甚多，但是其中的香菰春笋、菜花豌豆都甚清淡时鲜，具有我国春日宴会的特点。席上中印友人欢聚一堂，在座的还有中国著名的京剧演员梅兰芳先生，梅兰芳并面邀泰戈尔先生次日观彼演出京剧“洛神”。出席宴会的梁启超说泰戈尔先生是天竺诗圣。古代印度称天竺，而古印度人又称中国为震旦（“支那”的译音），因此给泰戈尔起了一个中国名字叫“竺震旦”，把中印两国的国名紧紧连在一起，表达了中印人民世代友好的愿望与要求。

这张珍贵的“食单”保存到今日已有56年，它不仅是中印人民友好的历史见证，也是研究我国烹饪史的一份极好的参考资料。

泰戈尔像 徐悲鸿画

双栝庐晚宴食单（折面）

1980年《中国烹饪》杂志关于林氏父女宴请泰戈尔的回忆文章

作为主宾的泰戈尔，一到京城就得如此盛馔招待，自然兴高采烈，他的心中“古老而富饶”的东方大国之旅就此开启。一个多月后适逢他64岁寿辰，梁启超和胡适等人又在北京协和大礼堂为他举行了盛况空前的祝寿大会，梁启超在祝寿时为泰戈尔起了一个中国名字——竺震旦。竺者，即取印度在中国的古称“天竺”之意，“震旦”，意指泰戈尔在当时世界文坛的盛名，可以说十分贴切。

徽女下厨记

其实，若不是这样的大场面，只是寻常福建家宴，或许林长民并不需要专请郑大水这样的大厨，自己的女儿捋起袖子下厨，未必不能博得满堂彩。

在人们的印象中，柔弱温婉的林徽因是一个才女，这自然不假，但很少有人知道，其实这位才情四溢的女子，也有着一手不错的厨艺。林长民在自己的日记里就曾经记述道：“徽女，节之自烹饪豉油煮笋、红烧鸡，皆颇精美。徽女厨两试，皆有好成绩。”

“徽女”是父亲对女儿的爱称，字里行间，林长民对于女儿厨艺的赞赏和骄傲之情跃然纸上。笋和鸡都是闽菜里常用的食材，豉油煮笋、红烧鸡在闽菜中都算大菜，按照日记里说的，林徽因是颇有厨娘天分的，“初试”就有好成绩，一般女子未必做得到。事实上，民国的文化昌盛时期，福建的不少文化家庭颇有宋代之风，对于女子，既注重学识的培养，也愿意让她们从小“洗手做羹汤”，所以林徽因有这项隐藏技能并不奇怪。

假如林长民的赞许多少带有老父亲的偏爱，那不妨看看别人怎么评价林徽因的厨艺。作为林徽因的忠实“粉丝”，长期“逐林而居"的金岳霖，从不吝啬对林徽因的赞美，除了直言她是"林下美人"之外，也曾经夸赞她厨艺好，做的菜非常好吃。他在晚年有一段回忆："有一次在九个欧亚航空公司的人跑警报到龙头村时，林徽因炒了一盘荸荠和鸡丁，或者是菱角和鸡丁。只有鸡是自己家里的，新成分一定是跑警报的人带来的。这盘菜非常好吃，尽管它是临时凑合起来的。"

这是他们在西南联大时期的记忆了。在汪曾祺著名的短篇《跑警报》里，就曾绘声绘色地描述过联大教授和学生在躲避日本飞机空袭警报时的种种趣事，其中还有好几个妙趣横生的美食故事。而金岳霖这次跑警报，无意中又让自己"解锁"了林徽因的这项技能，虽然时过境迁，他已经记不太清林徽因炒的具体是什么菜了，但明显当时伊人做出来的菜之美味，多年来总还是让他念念不忘。

如果说"粉丝"的话也还带有感情色彩，其实还有别人吃过林徽因做的菜。著名古建筑园林艺术学家陈从周是林徽因夫妇的好朋友，在他的记忆中，林徽因是一个十分热情好客的女子，经常请人到家里吃饭并亲自下厨。

他在《怀念林徽因》一文中这样写道："1953年夏，林梁二先生在清华园家中小宴，招待我与刘敦桢先生，那时她身体已不太健康，可是还自己下厨房，亲炙菜肴招待客人，谈笑仍那么风生，不因病而有少逊态。"

那时候林徽因的身体确实已经不是太好，但客人来依然下厨，足可见其并非不事家务的娇弱小姐，平常做菜也一定是少不了的——上得厅堂，下得厨房，用来形容林徽因应该不为过。

其实早在抗战初期，林徽因和梁思成从湖南到云南一路避难时，有一段时间失去经济来源，也雇不起佣人，据儿子梁从诫回忆："父亲年轻时车祸受伤的后遗症时有发作，脊椎痛得常不能坐立。母亲卷起袖子买菜、做饭、洗衣。尽全力维持着这五口之家的正常生活。"而李健吾也对此有过补述："（林徽因）早年以名门出身经历繁华，被众人称羡，战争期间繁华落尽困居李庄，亲自提了瓶子上街头打油买醋……"

出身名门的林徽因，即便在柴米油盐酱醋茶的日子里，也不忘对美的追求。孩子们记得，那时候妈妈还简单装修了住处，常常在陶质的土罐中插上野花，破房子一下子变得温馨和舒服起来。想来当时妈妈做的福建风味的菜，也是一样温馨和可亲的。

不过，也有人说过林徽因不会做饭。林徽因病故之后，梁思成续娶了清华大学女职工林洙，在梁思成也去世后，林洙有一次接受媒体采访，主持人问，你觉得林徽因是一个好太太吗？林洙想了一想，借用林徽因好友费慰梅的话回答说："她是一个好朋友，但不是一个理想的家庭主妇。"

顺着这句话，林洙又说了诸如林徽因不会做饭、不会照顾孩子之类的话，因为做饭有保姆，孩子有佣人照顾。不过，这些话或许也只是出于一个女人对于另一个女人隐隐的嫉妒吧，未必能够当真。

苦雨中的嗅觉追忆

除了下厨，经历世事变迁之后的林徽因也会因为"吃"这件事联想起一些过往。在抗战初期的奔波旅途中，有一次，她曾给被自己称为"二哥"的沈从文写了一封信。信中说："我能在楼上嗅到顶下层楼下厨房里炸牛腰子同洋咸肉，到晚上又是在顶大的饭厅里（点着一盏顶暗的灯）独自坐着（垂着两条不着地的腿同刚刚垂肩的发辫），一个人吃饭一面咬着手指头哭，闷到实在不能不哭。"

或许看过林徽因清丽优雅的诗歌散文的人，一下子没有办法把这两个林徽因等同起来。当时，她滞留在长沙，这里冬天阴雨绵绵，十分潮湿。她自己恰恰又发热伤风，胃病也随之发作，躺在床上发冷。

她跟沈从文说，由这长沙的雨，又想到了父亲林长民带她到瑞士国联开会的场景。这或许会让如今的人们想到一张老照片，那是1920年林徽因和父亲在伦敦用餐时被顺手拍下的，照片中的林徽因正值青春年华，俏丽与优雅兼具，林长民则以外交家的深邃的眼神看着镜头。此情此景，恍如隔世。

林徽因与父亲林长民

他们在欧洲吃过的西餐里，应该会有牛排。而林徽因信中所提到的“炸牛腰子”，并不是牛的“腰子”，而是牛的嫩里脊肉，实际上就是煎牛排。凄风苦雨中，由嗅觉所引发的往事之不可追，让本就多愁善感的林徽因，忍不住继续向“二哥”倾诉：

理想的我老希望着生活有点浪漫的发生，或是有个人叩下门走进来坐在我对面同我谈话，或是同我同坐在楼上炉边给我讲故事，最要紧的还是有个人要来爱我。

我做着所有女孩做的梦。而实际上却只是天天落雨又落雨，我从不认识一个男朋友，从没有一个浪漫聪明的人走来同我玩。

“浪漫聪明”，极容易让人想起徐志摩。当年在北京宴请泰戈尔时，徐志摩也在座，彼时两个人都是青春正好，也正是这段民国旷世绮恋最为令人心动的时节。然而，写这封信时的林徽因，心中所想的是不是那个“他”，已不可知，也可能她只是纯粹感到了一种巨大的孤独。

如果能在那个长沙的冷雨天，叩开她的门，帮她生起炉火，和她讲讲故事，或许我们会对她说——我们终究记得的，还是那个“人间的四月天”，记得一树一树的花开，记得燕在梁间呢喃。最美的容颜、才识与时节，与曾经最美的人间烟火气，依然是你留给我们的关于爱、暖和希望的人生最美诗行。

一个肉松筒、一碟苏苏酱鸭、
一帧帧童年过年的美食记忆，当然，
还有一盏用橘子皮做成的小橘灯……
从三坊七巷，到冰心后来走过的每一个地方，
有如微弱朦胧的星火，
虽然照不了脚下多远的路，却在她的文字里，
闪耀在每一个读者的心中，温暖而美好。

一片冰心在三坊七巷

那是一百多年前的一个雪夜，一个小姑娘在摇曳的烛火下摆弄着大大的“肉松筒”，母亲走过来说，囡，不要玩了，快把东西装进去。小姑娘很听话，照着母亲的交代，把旁边的一本本刊物卷好，装进“肉松筒”，又用红纸条封好筒口，交给母亲。第二天，这些里面并无肉松的“肉松筒”被寄了出去。

不久后，远方来信说：肉松收到了，到底是家制的，美味无穷。孩子天真地问母亲：“那些不是书吗？”母亲轻轻捏了她一把，附在她耳边叮嘱道：“你不要说出去。”

多年以后，长大了的孩子才知道，那些“肉松”，其实是同盟会宣传革命的刊物。这时候，她已经以“冰心”之名蜚声中国文坛，只是那雪夜里似有若无的肉松味，让灵感和舌尖一样敏感的作家，记了很久很久。“洛阳亲友如相问，一片冰心在玉壶。”如果你问她的童年记忆，或许，一片冰心都会在她的出生地福州三坊七巷吧。

肉松往事

冰心，原名谢婉莹，出生于三坊七巷的谢家大宅。尽管自小就随当军官的父亲辗转上海、烟台等地，成为作家之后更是走遍大江南北，但不管到哪里，故乡的味道总是长留在唇齿的记忆之中。

直到1970年，冰心在湖北咸宁“五七干校”接受“劳动改造”时，给家人写信，还提到了肉松：“昨晚晚饭是在食堂打的饭，还比较烂，加上开水，在医务所炭炉上热了热，就肉松吃了二两，很饱。”那样的年代，能够吃到自己从小爱吃的肉松，已算奢侈。

肉松，又称肉绒、肉酥，是将肉除去水分后制成的粉末或肉丝，适宜保存，便于携带。说起来，福州确实是肉松制法的发源地之一，清代至民国时期，福州三坊七巷的光禄巷就有不少老号以制作肉松而闻名。

1934年的《福州旅游指南》中，就有关于福州的肉松、鱼松的详细记载："肉松为福州家常食品，色红味香，略带甜咸，驰名中外，故运销出口者甚多，价目因制造之适口与否大不相同，有数家每两在100文，普通每两在60文。亦有以鱼制者为鱼松，大多五六月间黄瓜鱼上市，鱼价甚廉时始有制成出售。福州肉松牌号最老。名誉最好者为城内光禄坊尾鼎日有、味尚咸及城内吉庇巷柯氏宗祠内清快轩味尚甜。其他则花巷有十余家，南街一带亦有数家，则系后进之仿制者。"

其中提到的福州肉松老号甚多，而最为有名的当数"鼎日有"牌油酥肉松。该号由曾经担任福建盐运使家厨的林振光（别号鼎

厦門市國貨展覽會特刊

參加廠商出品分類表

丁[illegible]福記	五香瓜子	猛虎	厦門洪本部
淘化大同公司	各種罐頭，食品，醬油	白鶴，寶塔	厦門鼓浪嶼內厝澳
百好煉乳廠	煉牛乳	白日擒鵰牌	浙江．溫州
黃金香興記	魚脯，肉脯，肉乾，肉醬，烟腸，臘腸	飛鶴	廈門大路同
鼎日有	肉鬆，魚鬆，肉脯，肉乾，	寶鼎	福州城內光祿坊
馬寶山	餅干．糖果	馬頭	香港
闔記海產行	鯖油，豉油	美味	福州
東亞罐頭公司	罐頭食品	壽字	烟台廣仁路
黃金香勝記	肉脯，肉乾，肉鬆，肉醬，魚鬆，臘腸，	孔雀嘜	厦門大同路
園美辣醬廠	辣椒醬	麒麟	厦門霞溪路78號
榮福公司	牛肉汁		上海

《1936年厦门市国货展览会特刊》上，福州"鼎日有"肉松名列其中

鼎）于1886年在光禄坊创立，林振光手艺过硬，他的肉松深受当时的官吏、社会名流所喜，视为佐餐佳品，并成闽省官员上京进贡的地方土特产品，京城称之为“福建肉松”。

1890年继任的福建盐运使刘步溪，曾为其题写“鼎日有肉绒栈在此”的匾额，林振光把它放在铺子前作为招牌。1919年，其长子林其昌接手老号，并以“古鼎”为注册商标在民国南京实业部存案。此后林家后代将品牌不断发扬光大，远销南洋各地，更在上海复兴中路、厦门中山路等设有分店，其货品均由光禄坊总店批发供给。

1938年，曾任民国海军总长的萨镇冰为其题写对联——“酥制肉绒福建第一，宝鼎老牌名震全球”，鼎日有因此更加声名大噪。经历时代变迁，直到今天，福州光禄坊40号的鼎日有肉松原址，依然在三坊七巷中成为人们追寻民国福州美味的一个地标。

对从小生活在三坊七巷的冰心来说，肉松自然是她和家人的心头好，难怪连参与革命行动也要用到肉松筒。而在冰心的诸多作品中，关于吃这件事，也往往被赋予了有福州舌尖记忆的丰富情感。

在《关于男人》一文中，冰心回忆起儿时在福州的生活，母亲担心谢家娇惯她，就让她住在外婆家，到了龙眼成熟的季节，心疼孙女的祖父就托人去叫她：“莹官，你爷爷让你回去吃龙眼。他留给你吃的那一把龙眼，挂在电灯下面的，都烂掉得差不多了！”

光禄坊鼎日有旧址

在同一篇文章中，冰心还写到祖父过生日时吃的寿面。福建人习惯过生日吃长寿面，并给予其“寿面”的昵称。“他自己的生日，是我们一家最热闹的日子了，客人来了，拜过寿后，只吃碗寿面。至亲好友，就又坐着谈话，等着晚上的寿席。”

生日吃寿面，平常当然也吃面，和面搭配的某种“好料”也让她记忆深刻。

> 我记得母亲静悄悄地给祖父下了一碗挂面，放在厨房桌上，四叔母又静悄悄地端起来，放在祖父床前的小桌上，旁边还放着一小碟子“苏苏”熏鸭。这“苏苏”是人名，也是福州鼓楼一间很有名的熏鸭店名。这熏鸭一定很贵，因为我们平时很少买过。

从冰心的回忆中可以看出，这一碟子苏苏熏鸭，对于儿时的她来说，或许常是可望而不可即的美味，毕竟很贵，家里很少买，买来也要先孝敬长辈。不过小孩子的记忆有个小小的错误，准确地说，苏苏不是熏鸭，而是酱鸭。一字之差，做法的区别可是大了去了。

清咸丰年间，福州城隍崎下有一刘姓人家，祖上原先是卖汤鸭的，后来研制出一套酱鸭制法，生意越来越火，一直传到第三代，刘克辉、刘克茂两兄弟继承祖业。兄弟俩将作坊设在家里，每日推车出摊，摆在鼓楼前三岔路口的西北角出售。其酱鸭色如琥珀，表面油光透亮，肉脆而韧，连骨头都是酥的，人们就给了它一个“酥酥酱鸭”的爱称。后来，刘克辉干脆用谐音“苏苏”，将卤鸭定名为“苏苏酱鸭”。

冰心文章中说“苏苏”是人名倒也没有错，因为酱鸭越卖越好，刘克辉自己干脆也把自己名字改成了“苏苏”。

据说，每每店里制作酱鸭时，香气四溢，当地人称之为“香满鼓楼”。老福州人会说：“卤扎好吃，城里买苏苏，南台买都会。”也有的说：“冷摊独见盛生涯，名字苏苏众口夸。”

有老食客回忆道，他们曾见过刘家有两口祖上流传下来的大缸，缸从来不用洗，所以香味越积越浓，经它“酱”出来的鸭子，自然与别家不同，或可称之为“时光沉淀的味道”。而据萨镇冰之

苏苏酱鸭

侄、民俗学家萨伯森的《垂涎录》记载，酱鸭制作时，须以银针（也有说用竹针）刺鸭肉数十处，便于酱汁透肉入骨，而且他们不用陈皮、桂皮、茴香等香料，甚至不直接用糖、盐、味精等调味，主要靠老酒和祖上流传的酱汁。

这酱汁大有门道，是刘克辉自己研制出的“伏酱”，其制法自然是商业机密，成为老福州人心心念念的美味。尽管冰心小时候没有办法大啖“苏苏”，但她在文字中不经意流露出来的馋劲儿，依然能留给我们一种穿透岁月的酱香之味。

故乡“年食”

要说冰心作品中含“吃”量最高的，还是她后来回忆故乡的一系列文章，如《我的故乡》《漫谈过年》《童年的春节》等，其中关于年节的许多情绪充盈又栩栩如生的描述，也可算是民国时期闽地诸多民俗和“年食”的生动文献。

在年过八旬后写的《漫谈过年》一文中，她的思绪就似乎又回到了自己在三坊七巷的童真年代：

从我四五岁记事起到十一岁（那是在前清时代）过的是小家庭生活。那时，我父亲是山东烟台海军学校的校长，每逢年假，都有好几个堂哥哥，表哥哥回家来住。父亲就给他们买些乐器：锣、鼓、二胡、洞箫之类，让他们演奏，也买些鞭炮烟火。我不会演奏，也怕放炮，只捡几根“滴滴金”来放。那是一个小纸捻，里面卷一点火药，拿在手里抡起来，就放出一点点四散的金星。既没有大声音，又很好看。

小女孩儿对放鞭炮这种事终究并不甚感兴趣，但说起吃倒是兴致勃勃：

那时代的风俗，从正月初一到十五，是禁止屠宰的。因此，母亲在过年前，就买些肘子、猪蹄、鸡、鸭之类煮好，用酱油、红糟和许多佐料，腌起来塞在大坛子里，还磨好多糯米水粉，做红白年糕。这些十分好吃的东西，我们都一直吃到元宵节！

除夕夜，我们点起蜡烛烧起香，办一桌很丰盛的酒菜来供祖宗，我们依次磕了头，这两次的供菜撤下来，就是我们的年夜饭了。

而在《童年的春节》一文中，她对于三坊七巷过年的记忆更加鲜活而有童趣：

我十一岁那年，回到故乡的福建福州，那里过年又热闹多了。我们大家庭里是四房同居分吃，祖父是和我们这一房在一起吃饭的。从腊月二十三日起，大家就忙着扫房，擦洗门窗和铜锡器具，准备糟和腌的鸡、鸭、鱼、肉。祖父只忙着写春联，贴在擦得锃亮的大门或旁门上。

……新年里，我们各人从自己的“姥姥家”得到许多好东西。首先是灶糖、灶饼，那是一盒一盒的糖和点心。据说是祭灶王爷用的，糖和点心都很甜也很黏，为的是把灶王的嘴糊上，使得他上天不能汇报这家人的坏话！

在其他文章中，冰心还提到腊八节的时候，福州人民自发给萨镇冰送粥的事情：“听说他老人家现在福州居住……他用海军界的捐款，办了一个模范村，村民爱他如父母，为他建了一亭，逢时过节，都来拜访，腊八节大家为他熬些腊八粥，送到家去。”

除了年前吃腊八粥，福州过年也有着自己独特的闽地食俗和文化。比如，福州人称除夕夜叫“三十暝哺”，老话说“好囝不赚卅暝哺”，意思是好后生不赚大年三十晚上的钱，不管在哪里，都要回来吃上团圆饭。这一天，按福州旧时风俗，要蒸好百米饭贮在盘或碗中供于案前，谓之“供晦饭”或“供岁饭”，也就是俗称的“隔年饭”。

大年初一，亲戚来拜年，长者除了赐予幼者压岁钱，也会给他们福橘，过年期间结婚的新郎新娘则会给客人赠送红橘、瓜子。老福州人正月初一的早餐必吃太平面，这碗面中除了线面，一般还有鸡和鸭蛋，在福州话谐音中，“鸡”音似“系”“羁”，鸭蛋音似“压乱”“压浪”，都有祝一年中福寿绵长之意，也让人能够感受到一种亲情的隐隐牵挂和对新岁平安的祈求。

正月初七日，中国古代谓之“人日”，福州则俗称“人本命”。这一天，老福州人会取菠菜、芹菜、葱蒜、韭菜、芥菜、荠菜、白菜等七种菜，加米粉制成羹，叫作“七宝羹”。其中芹菜和葱寓意聪明，蒜寓意精于算计，芥菜有长寿之意，厦门过年也有类似的“七样菜”习俗。

有趣的是，初七这天对于孩子们来说是个可以随意调皮捣蛋的日子，因为按福州古例“人日”不能打骂小孩子。冰心小时候是个乖囡，所以这个日子对她倒也没有什么特别的意义，只是那时她的心，可能早已飞向了灯火灿烂的元宵节。

民国时期福州的元宵节，除了有灯市，还有摆设鳌山、举办赛神会等活动。有诗云：“春灯绝胜百花芳，元夕纷华盛福唐。银烛烧空排丽景，鳌山耸处现祥光。”这正是关于昔日闽都元宵盛景的描绘。

最好的东西，还是灯笼，福州方言，“灯”和“丁”同音，因此送灯的数目，总比孩子的数目多一盏，是添丁的意思……我屋墙上挂的是“走马灯”，上面的人物是“三英战吕布”，手里提的是两眼会活动的金鱼灯，另一手就拉着一盏脚下有轮子的“白兔灯”。

同时我家所在的南后街，本是个灯市，这一条街上大多数是灯铺……元宵之夜，都点了起来，真是“花市灯如昼”，游人如织，欢笑满街。

1945年，也就是冰心在福州过完元宵的数十年后，已届中年的她，到重庆的郊外去看一个朋友，在那里，又遇见了一盏普普通通却让她毕生难忘的灯。

多年以后，她以《小橘灯》为题写下了一篇动人的文章。在这篇被收入中学语文课本的时代名作中，她在山里邂逅的那个小姑娘，伸手拿过一个橘子，用小刀削去上面的一段皮，又用两只手把底下的一大半轻轻地揉捏着，慢慢地从橘皮里掏出一瓤一瓤的橘瓣来，放在她妈妈的枕头边。

最后，女孩用这个橘碗加上蜡烛做成了一盏小橘灯，冰心提着它照亮夜里的山路回家，不知道那时她可曾想起自己儿时雪夜烛火下的“肉松筒”，或者三坊七巷的元宵璀璨灯火。那微弱朦胧的小橘灯的灯光，虽然照不了多远的路，但时至今日，却仍然闪耀在每一个读者的心中，温暖而美好。

作家对美的追求异于常人，
他们通常爱吃美食，也爱写一写美食。
由于每个人不同的意趣和在大时代下的小风情，
他们各自留下的文字，
如郁达夫的“饮食男女在福州”，如郑振铎的“宴之趣”，
如丰子恺与弘一法师的“护生”之约，
如汪曾祺的闽味意趣，
也成为一道道关于人间烟火的别样风景。

人间烟火 各得其所
——作家笔下的闽味意趣

民国时期，福州、厦门等城市承袭古海上丝绸之路的国际贸易往来，又在清末“五口通商”之后得到了进一步的繁荣。由此，不仅是政要商贾，各路文人雅士亦纷至沓来，穿梭于因港而兴的闽地，留下精彩纷呈的人文印记，而其中最文气充盈的，自然莫过于作家们。

作家对美的追求异于常人，他们通常爱吃美食，也爱写一写美

食。由于每个人不同的意趣和在大时代下的小风情，他们各自留下的闽味意趣，也成为一道道关于人间烟火的别样风景。

郁达夫的饮食男女

1934年8月，有一个文学青年在北平暑热的天气里想起了故都的秋，他觉得，如果能留得住它，自己宁愿把寿命的三分之二折去，换得一个三分之一的零头。两年后的秋冬之际，他来到南国的厦门，则用一篇洋洋洒洒的广告软文，换得了一段时间的免费住宿。

这家位于太平路的天仙旅社，是当时厦门知名的旅馆之一。当时，郁达夫从日本前往台湾考察，途经厦门中转，住进了天仙旅社的432号房间。天仙旅社的老板名唤吕天宝，是位侨商，听说这位名士下榻自己的店，便前来拜访。吕老板是个聪明的生意人，他正好在编一本《厦门天仙旅社特刊》，主动提出请郁达夫为其作序，条件就是免费提供食宿。

这是皆大欢喜之事，郁达夫欣然应允。与吕老板聊到投机处，他提笔一挥而就："丙子冬初游厦门，盖自日本经台湾而西渡者。在轮船中，即闻厦门天仙旅社之名，及投宿，则庐舍之洁净，肴馔之精美，设备之齐全，竟有出人意料者，主人盖精于经营者也。居渐久，乃得识主人吕君天宝，与交谈，绝不似一般商贾中人，举凡

序天仙旅社特刊

丙子冬，初遊廈門，蓋自日本經台灣而西渡者。在輪舟中，即聞廈門天仙旅社之名，及投宿，則廬舍之潔淨，肴饌之精美，設備之齊全，竟有出人意料外處，主人蓋善於經營者也。居漸久，乃得識主人呂君天寶，與交談，絕不似一般商賈中人，舉凡時勢之趨向社會之變動，以及廈埠之掌故，無不歷歷曉，較諸縉紳先生，識見更遠大有加，噫，奇矣。呂君殆士而隱於商者耶？暢談之餘，呂君復出其近編之特刊一種相示，珠璣滿幅，應有盡有，自古指南導

天仙旅社特刊　郁　序　一

郁达夫为《厦门天仙旅社特刊》所作的序

时世之趋向，社会之变动，以及厦埠之掌故，无不历历晓，较诸缙绅先生，识见更远大有加，噫，奇矣……”

虽然是拿来换食宿的文章，但郁达夫对于天仙旅社的食宿条件，看来还是由衷点赞的。作为当时厦门旅店业中的佼佼者，在吕老板的纵横捭阖与精心经营下，天仙旅社成为上流社会人士青睐的住宿及宴请场所，其服务也很有特色。

比如，为提升和保证服务质量，天仙旅社会开展旅客满意度的相关调查，请旅客就“饭菜是否可口，茶水供应是否充足，被褥脏

了是否及时更换，按铃时服务员是否马上应答”等问题，“不吝赐教”。旅社还特别设置了茶房部、厨司部等，郁达夫所称赞的“肴馔之精美”，正是源于这两个部门的管理和出品。

不过，郁达夫在厦门只留下了这一则简短的“广告帖”，具体吃了什么一概欠奉。相比之下，福州可以说是赚到了——在来厦门的同年2月，他应时任国民政府福建省主席陈仪之邀，赴任省政府参议一职，在福州一边工作，一边逛吃，在此期间写下的《饮食男女在福州》，简直可以称为一篇货大量足的福州美食大型“硬广”。作为江南人氏，郁达夫吃过的南方美食不可谓不多，但对于福州的吃，他真是不吝赞美：

福建菜的所以会这样著名，而实际上却也实在是丰盛不过的原因，第一，当然是由于天然物产的富足。福建全省，东南并海，西北多山，所以山珍海味，一例的都贱如泥沙。听说沿海的居民，不必忧虑饥饿，大海潮回，只消上海滨去走走，就可以拾一篮海货来充作食品。又加以地气温暖，土质腴厚，森林蔬菜，随处都可以培植，随时都可以采撷。一年四季，笋类菜类，常是不断；野菜的味道，吃起来又比别处的来得鲜甜。福建既有了这样丰富的天产，再加上以在外省各地游宦营商者的数目的众多，作料采从本地，烹制学自外方，五味调和，百珍并列，于是乎闽菜之名，就宣传在饕餮家的口上了……

接着，他绘声绘色地描述了他在福州吃过的海蚌、蛎房（海蛎）、江瑶柱等海鲜。说到蛎房，他居然还想起了苏东坡：

蛎房并不是福州独有的特产，但福建的蛎房，却比江浙沿海一带所产的，特别的肥嫩清洁。正二三月间，沿路的摊头店里，到处都堆满着这淡蓝色的水包肉：价钱的廉，味道的鲜，比到东坡在岭南所贪食的蚝，当然只会得超过。可惜苏公不曾到闽海去谪居，否则，阳羡之田，可以不买，苏氏子孙，或将永寓在三山二塔之下，也说不定。

这肯定是一个让福建人深表赞同的想象。确实，如今全国各地包括与福建相邻的广东都在大做“东坡美食”文章时，福建人难免会叹息说，可惜坡公当年没有被贬谪来闽地，没能给这里的美食“带带货”。倒是郁达夫，自己就给福州的特色小吃肉燕狠狠地刷了一波存在感：

初到福州，打从大街小巷里走过，看见好些店家，都有一个大砧头摆在店中；一两位壮强的男子，拿了木锤，只在对着砧上的一大块猪肉，一下一下的死劲地敲。把猪肉这样的乱敲乱打，究竟算什么回事？我每次看见，总觉得奇怪；后来向福州的朋友一打听，才知道这就是制肉燕的原料了。所谓肉燕者，就是将猪肉打得粉烂，和入面粉，然后再制成皮子，如包馄饨的外皮一样，用以来包制菜蔬的东西。听说这物事在福建，也只是福州独有的特产。

除此之外，举凡这里的“鸡鸭四件”、土黄酒、各色水果以及酒醉之后“喝它三杯两盏”的福建茶，郁达夫都留下了极具性情的记载，他甚至认真地考证起福建人如何把番薯从南洋运来等典故。说着说着，还忍不住把福建的美食与美女作了一番关联，也很切合《饮食男女在福州》的题：“食品的丰富，女子一般姣美与健康，却是我们不曾到过福建的人所意想不到的发现。”

只是不知道，他在福州乐不思蜀的那些时节，是否还会记挂起他“故都的秋”来。

郑振铎的“宴之趣”

相比郁达夫，同为著名作家的郑振铎，被时人评为“爱吃、懂吃、会吃，且有福气吃”。这种福气，其中很大一部分来源于他的母亲，一位地地道道的福建女性。郑母亲手烹饪的“郑家菜”后来在京沪文化界声名远扬，炒粉干、用红糟做鸡鸭鱼肉等郑氏名菜，在当时郑振铎的文友圈中极受推崇。

作为铁杆饭友，叶圣陶在日记里就常常记录和郑振铎同组饭局、开怀畅饮的场景，在郑家并不宽敞的住处，品尝郑老夫人做的美食，欣赏郑振铎新得的古物，不亦乐乎，席散之后，他们还会出门“同路步月”。

郑振铎自己写过一篇《宴之趣》，也特别提到叶圣陶、茅盾、胡愈之等人在他家里大快朵颐的场景。作为闽人，他在上海自称“乡下人”，说自己的特点是不喜“征鹿于酒肉之场”，却独爱和朋友在家小聚，“全座没有一个生面孔，在随意的喝着酒，吃着菜，上天下地地谈着”。

如果在你想象中，民国时期文人聚会吃饭喝酒都是文质彬彬、温文尔雅，那么郑振铎会告诉你：不不不，你想错了！

有时说着很轻妙的话，说着很可发笑的话，有时是如火如剑的激动的话，有时是深切的论学谈艺的话，有时是随意地取笑着，有时是面红耳热地争辩着，有时是高妙的理想在我们的谈锋上触着，有时是恋爱的遇合与家庭的与个人的身世使我们谈个不休。每个人都把他的心胸赤裸裸地袒开了，每个人都把他的向来不肯给人看的面孔显露出来了；每个人都谈着，谈着，谈着，只有更兴奋地谈着，毫不觉得“疲倦”是怎么一个样子。

酒是喝得干了，菜是已经没有了，而他们却还是谈着，谈着，谈着。那个地方，即使是很喧闹的，很湫狭的，向来所不愿意多坐的，而这时大家却都忘记了这些事，只是谈着，谈着，谈着，没有一个人愿意先说起告别的话。要不是为了戒严或家庭的命令，竟不会有人想走开的。虽然这些闲谈都是琐屑之至的，都是无意味的，而我们却已在其间得到宴之趣了……

这种情况下，酒确实是容易被喝光的，更何况郑振铎本人就是一个劝酒高手。叶圣陶对此最有发言权，喝到兴起时，郑振铎就会频繁向他劝酒，一来二去的，全座的人，会喝不喝的，居然都加入了“战斗”：

不会喝酒的人每每这样地被强迫着而喝了过量的酒。面部红红的，映在灯光之下，是向来所未有的壮美的丰采。

“圣陶，干一杯，干一杯！”我往往地举起杯来对着他说，我是很喜欢一口一杯地喝酒的。

“慢慢的，不要这样快，喝酒的趣味，在于一小口一小口地喝，不在于‘干杯’。”圣陶反抗似的说，然而终于他是一口干了，一杯又是一杯。

连不会喝酒的愈之、雁冰，有时，竟也被我们强迫地干了一杯。于是大家哄然地大笑，是发出于心之绝底的笑。

性情率真的郑振铎，既喜欢这种与至交好友斗酒论诗文的宴之趣，也常常怀念他心目中故乡福建长乐的家宴乐趣，这种怀念，与他后来去国旅欧时写下名篇《海燕》时的心绪一脉相承，几乎伴随了他的一生。

佳年好节，合家团团的坐在一桌上，放了十几双的红漆筷子，连不在家中的人也都放着一双筷子，都排着一个座位。小孩子笑滋滋地闹着吵着，母亲和祖母温和地笑着，妻子忙碌着，指挥着厨房中厅堂中仆人们的做菜，端菜，那也是特有一种融融泄泄的乐趣，为孤独者所妒羡不止的，虽然并没有和同伴们同在时那样的宴之趣。

还有，一对恋人独自在酒店的密室中晚餐；还有，从戏院中偕了妻子出来，同登酒楼喝一二杯酒；还有，伴着祖母或母亲在熊熊的炉火旁边，放了几盏小菜，闲吃着宵夜的酒，那都是使身临其境的人心醉神怡的。

宴之趣，便是生活之趣。郑家饭局也可算是当年民国文人于舌尖交汇的精神世界的一个缩影。作为郑振铎的福建同乡，冰心对此记忆犹新，1936年夏，她随同丈夫吴文藻赴美访问游学，由上海上船。郑振铎闻讯，就请他们来家里举行饯行宴会，冰心夫妇尝到郑老太太亲手烹调的福建菜后念念不忘，在太平洋的船上，还特意给郑振铎写来一封信：

感谢你给我们的“盛大”的饯行，使我们得以会见到许多闻名而未见面的朋友……更请你多多替我们谢谢老太太，她的手艺真是高明！那夜我们谈话时多，对着满桌的佳肴，竟然没有吃好。面对这两星期在船上顿顿无味的西餐，我总在后悔，为什么那天晚上不低下头去尽量地饱餐一顿。

1958年，两人在新中国的国庆节观礼台上再次相见，郑振铎笑着对冰心说：“你不是喜欢我母亲做的福建菜吗？等我们都从外国回来时，我一定约你们到我家去饱餐一顿。”然而，这个愿望没能成真，不久，郑振铎乘坐的飞机在喀山出事，永别人世。

在郑家那些令人怀念的饭局中，丰子恺也是常客，他则奉郑振铎为伯乐。丰子恺正式发表的第一幅画是《人散后，一钩新月天如水》，郑振铎一眼便被它所吸引，十分喜欢，“虽然是疏朗的几笔墨痕……我的情思却被他带到一个诗的仙境，我的心上感到一种说不出的美感……”

此后，郑振铎托胡愈之向丰子恺索画，用于新创办的《文学周报》做插图，编者代为定名曰“子恺漫画”，这也是中国第一次有“漫画”这个词。郑振铎后来又一力促成丰子恺的第一本漫画集《子恺漫画》的出版，丰氏早期的代表作《买粽子》《花生米不满足》等悉数收入。

丰子恺与弘一法师的“护生”之约

1948年11月，时已入冬，南普陀寺兜率陀院外，一位身着长衫蓄着长须的先生，与一位高僧默默地站在一棵柳树旁，若有所思。在寺里用过素膳后，长须先生取来画笔，一挥而就，画下的正是刚才两人在柳树下的场景，并题了两句诗：“今日我来师已去，摩索杨柳立多时。”题罢，将画赠予高僧，合掌称善。

这位先生不是别人，正是丰子恺。1948年11月的这次厦门之行，是年届五旬的丰子恺的一次凭吊之旅，这也是他多年以来的一个夙愿。

1948年11月23日厦门《江声报》载：“当代艺术家丰子恺来厦，参礼南普陀寺三坛授戒大法会，游览厦门诸名胜，凭吊其师弘一法师在厦门的遗址遗迹。”几天后的《江声报》又详细介绍说，丰子恺抵厦翌日，即往南普陀访晤广洽法师，厦门市的佛学会还要请他作公开演讲，讲题为《我与弘一法师》。

这一年，南普陀寺举办大法会，广洽法师回国参加，闻听丰子恺携女来厦门，喜不自胜。原来，他与丰子恺早已是方外挚友，只是一直未曾得见。两个人的结缘，便始于丰子恺的恩师弘一法师。

丰子恺像

1914年，丰子恺考入浙江第一师范学校，李叔同就在这个学校任音乐美术老师。对于这位天赋甚高的学生，李叔同十分赏识，而老师的人格和学问，也成为丰子恺的指路明灯，自此开始了师生的一世之缘。1927年，丰子恺在上海接待了云游至此的弘一法师，随后追随老师皈依佛门。

一年后，弘一法师初次来闽驻锡南普陀寺，就与广洽结识，广洽常听他说起丰子恺，由是两人互通信件多年。多年笔友，终于在厦门相见时，倍加亲切。丰子恺由广洽法师亲自导游，凭吊了弘一法师在南普陀寺兜率陀院的讲律石室遗址。广洽告诉丰子恺，弘一法师每次净齿，都会按照佛教戒律规定用柳枝，刷完以后就把柳枝浸泡在水里，后来，柳枝竟生根发芽，法师就把它种在水池边。到他们来凭吊的时候，弘一法师已经圆寂六七年，柳树也已长得有一丈多高了。

1918年弘一法师出家后，与丰子恺（右一）、刘质平合影

那几日，在南普陀用素斋的时候，丰子恺又与广洽聊起自己的另一桩心愿，就是他与弘一法师共同酝酿创作的《护生画集》。护生者，爱护生灵也，弘一法师曾嘱咐丰子恺，要以优美柔和的笔调，让阅者生发对世间生灵的悲悯，也包括关于戒杀与素食的规劝。

1929年，弘一法师五十寿辰时，第一集《护生画集》出版，一共50幅画，均由弘一法师配诗并题字。老师和学生由此有了一个浪漫的约定，在给丰子恺的信中，弘一法师说："朽人60岁时，请仁者作护生画第二集，共60幅；70岁时，作第三集，共70幅；80岁时，作第四集，共80幅；90岁时，作第五集，共90幅；百岁时，作第六集，共百幅。护生画集功德于此圆满。"

丰子恺则回信承诺："世寿所许，定当遵嘱。"

然而，到1942年弘一法师圆寂前，师生只来得及合作了《护生画集》的前两集。此次来到南普陀，丰子恺在弘一法师亲植的柳树前又许下心愿，一定要继续创作下去。广洽法师和同席的其他法师听完，无不深为感佩。

就这样，丰子恺每十年作一集，1973年，预感自己将不久于人世的他，提前完成了第六集。长达46年的创作，450幅图文并茂的《护生画集》，题字者除弘一法师外，也均为佛学造诣深厚的大家，如叶恭绰、朱幼兰、虞愚等，集佛教界、文艺界大师之力，成就了一部关于佛教文化、素食文化通过漫画实现通俗化传播的传世精品，丰子恺也完成了对老师一生的承诺，功德圆满。

在《护生画集》中，关于众生平等、劝导食素的内容比比皆是。比如，在一幅名为《众生》的画中，画面是劳作者放牧的温馨场景，弘一法师题曰："是亦众生，与我体同。应起悲心，怜彼昏蒙。普劝世人，护生戒杀，不食其肉，乃谓爱物。"

画集中也录有苏轼著名的规劝食素的诗："我与何曾同一饱，

是亦衆生　與我體同
應起悲心　憐彼昏蒙
普勸世人　放生戒殺
不食其肉　乃謂愛物

《护生画集》中的《众生》

不知何苦食鸡豚。”丰子恺配上的画便是憨实的萝卜和芥菜，即苏轼诗中“芦菔生儿芥有孙”之意。

自从与老师合作《护生画集》，丰子恺便决意食素。1934年，他应大醒法师之邀，撰写了一篇《素食以后》，说了自己的食素心得：“我的素食是主动的……三十岁上，羡慕佛教徒的生活，便连一切荤都不吃，并且戒酒。我的戒酒不及荤的自然：当时我每天喝两顿酒，每顿喝绍兴酒一斤以上。突然不喝，生活上缺少了一种兴味，颇觉异样。但因为有更大的意志的要求，戒酒后另添了种生活兴味，就是持戒的兴味。”

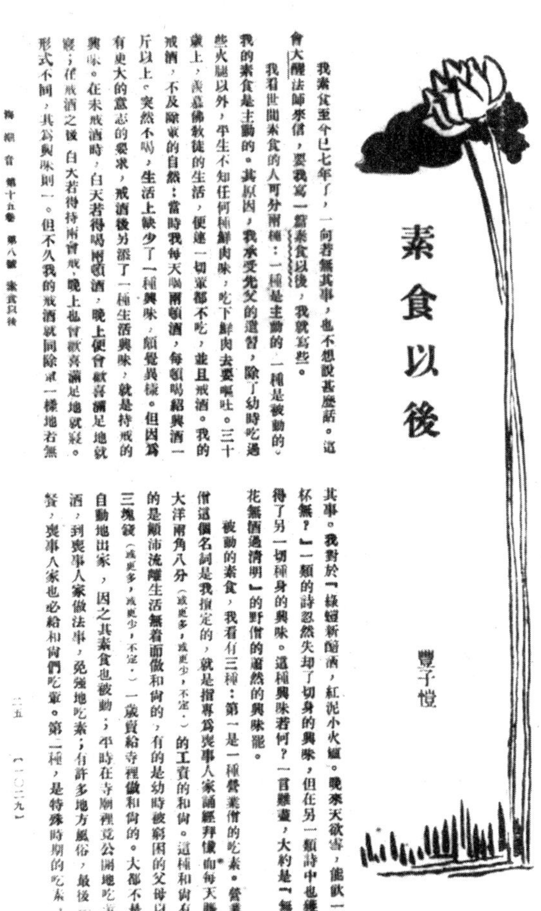

素食以後

豐子愷

我素食至今已七年了，一向若無其事，也不想說甚麼話。這會大醒法師來信，要我寫一篇素食以後，我就寫些。

我看世間素食的人可分兩種：一種是主動的，一種是被動的。我的素食是主動的。其原因，我承受先父的遺習，除了幼時吃過些火腿以外，平生不知任何種鮮肉味，吃下鮮肉去要嘔吐。三十歲上，羨慕佛教徒的生活，便連一切葷都不吃，並且戒酒。我的戒酒，不及除葷的自然：當時我每天喝兩頓酒，每頓喝紹興酒一斤以上。突然不喝，生活上缺少了一種興味，頗覺異樣。但因爲有更大的意志的要求，戒酒後另添了一種生活興味，就是持戒的興味。在未戒酒時，白天若得喝兩頓酒，晚上便會歡喜滿足地就寢；在戒酒之後，白天若得持兩會戒，晚上也會歡喜滿足地就寢。形式不同，其爲興味則一。但不久我的戒酒就同除葷一樣地若無其事。我對於「綠蟻新醅酒，紅泥小火爐。晚來天欲雪，能飲一杯無？」一類的詩忽然失却了切身的興味，但在另一類詩中也獲得了另一切種身的興味。這種興味若何？一言難盡，大約是「無花無酒過清明」的野僧的蕭然的興味罷。

被動的素食，我看有三種：第一是一種營業僧的吃素。營業僧這個名詞是我指定的，就是指專爲喪事人家誦經拜懺而每天賺大洋兩角八分（或更多，或更少，不定。）的工資的和尚。這種和尚有的是顛沛流離生活無着而做和尚的，有的是幼時被窮困的父母以三塊錢（或更多，或更少，不定。）一歲賣給寺裡做和尚的。大都不是自動地出家，因之其素食也被動；平時在寺廟裡竟公開地吃葷酒，到喪事人家做法事，勉強地吃素；有許多地方風俗，最後一餐，喪事人家也必給和尚們吃葷。第二種，是特殊時期的吃素，

海潮音 第十五卷 第八號 素食以後　二五　【一〇二九】

《海潮音》刊载的丰子恺文章《素食以后》

“持戒”之前的丰子恺好酒，尽人皆知，在他的文字和漫画里都有不少酒的影子。他尤其钟爱黄酒，号称没有绍兴黄酒的地方，他是不能长住下去的。比如，他应邀赴台湾考察，台湾的酒

丰子恺所绘的饮酒图，成为当时三余商店的海报画面

实在不对丰子恺的胃口，而且当时在台买不到绍兴黄酒，他便非常扫兴，直到学生从上海买了两坛绍兴黄酒托人带去，他的兴致才略高，但酒一喝完，又开始惆怅起来。

后来有一次，也是在厦门，丰子恺喝到了满满家乡味的绍兴黄酒，相当尽兴，还挥毫了一幅饮酒图作为纪念，此图刊发于1949年3月28日的《江声报》。让丰子恺心满意足的这家位于中山路的三余商店，正是当时厦门经营绍兴酒的佼佼者。

汪曾祺的闽味意趣

所谓兴味，因人而异。一位爱吃的福建女婿，则以自己的文字在中国文坛中留下了另一种持久的兴味和意趣，他是汪曾祺。

汪曾祺的太太施松卿是福建长乐人，做得一手好菜。有一次，汪曾祺在家里招待一位法国客人，席中便有汪太太亲手做的福建风味的“水饺”。法国人吃着吃着，觉得这个“水饺”和他在中国其他地方吃到的很不一样，便问其详，才知道，“饺子皮”居然是用精瘦猪肉掺上适量的番薯粉捶打而成。这位法国客人大为惊异，因

汪曾祺的太太施松卿祖籍福建长乐，汪自然是如假包换的福建女婿

为他平常不爱吃肉，结果吃了汪太太做的这个“肉皮水饺”，却觉得是人间美味。

其实，汪太太所做的，正是郁达夫也曾经吃过的福州肉燕。后来，汪曾祺在他的《初访福建》一文中，特别提到了肉燕、鱼丸等等这些令他食指大动的福建美食。

福建人食不厌精，福州尤甚。鱼丸、肉丸、牛肉丸皆如小桂圆大，不是用刀斩剁，而是用棒捶之如泥制成，入口不觉有纤维，极细，而有弹性。鱼饺的皮是用鱼肉捶成的。用纯精瘦肉加茹粉以木槌捶至如纸薄，以包馄饨（福州叫作“扁肉”），谓之燕皮。街巷的小铺小摊卖各种小吃，我们去家吃了一套风味小吃，10道，每道一小碗带汤的，一小碟各种蒸的炸的点心，计20样矣。吃了一个荸荠大的小包子，我忽然想起东北人。应该请东北人吃一顿这样的小吃，东北人太应该了解一下这种难以想象的饮食文化了。当然，我也建议福州人去吃吃李连贵大饼。

汪曾祺很懂吃，他的观点是："一个人的口味要宽一点、杂一点，南甜北咸东酸西辣，都去尝尝。"由于身为作家的便利，他走过福建的福州、厦门、漳州等闽式美食集中地，每到一处，都记下了自己的各种汪氏美食体验。

比如，在厦门，他到鼓浪屿拜访诗人舒婷，舒婷十分好客，亲自下厨给他做一顿菜包春卷，汪曾祺则一边吃着春卷，一边打量人家的房子，思忖着在这样烟火气的住处诗人是如何写出她的朦胧诗的；在福州涌泉寺游览时，他兴致勃勃地跑去看寺里一口能供1000人吃饭的大锅，"锅大而深，为铜铁合铸，表面漆黑光滑，如涂了油"，他便开始研究，这样大的锅，如何能把饭煮熟？

20世纪80年代末，汪曾祺受邀为一个文学函授班讲课，由北京乘火车至福州，再转车南下漳州、云霄、东山三地讲课，继而游览了厦门、泉州、福州、武夷山四地名胜，行程共计18天，全程美味相伴，尤其是漳州云霄县的海鲜，让他食指大动欲罢不能：

在云霄吃海鲜，难忘。除了闽南到处都有的"蚝煎"——海蛎子裹鸡蛋油煎之外，有西施舌、泥蚶。我吃海鲜，总觉得味道过于浓重，西施舌则味极鲜而汤极清，极爽口。泥蚶亦名血蚶，肉玉红色，极嫩。张岱谓不施油盐而五味俱足者唯蟹与蚶，他所吃的不知是不是泥蚶。我吃泥蚶，正是不加任何作料，剥开壳就进嘴的。我吃菜不多，每样只是夹几块尝尝味道，吃泥蚶则胃口大开，一大盘泥蚶叫我一个人吃了一小半，面前蚶壳堆成一座小丘，意犹未尽。吃泥蚶，饮热黄酒，人生难得。举杯敬谢主人，曰："这才叫海味！"

泥蚶是漳州人除夕餐围炉不可缺少的一道菜肴。云霄的泥蚶，以位于漳江出海口的竹塔镇最为有名，明代起即有人养殖血蚶。当地有句俗语"拉蚶炒豆"，是两道很热闹的菜，正合汪曾祺这样喜欢热闹的美食家之胃口。

漳州的水果也很不错，云霄最有名的是枇杷和阳桃。但汪曾祺来的时候没赶上季节，只能脑补："枇杷树很大，树冠开张如伞盖，著花极繁。我没有见过枇杷树开这样多的花。明年结果，会是怎样一个奇观？"

不过他还是尝到了云霄的芦柑和蜜柚，他评价芦柑是"瓣大，味甜，无渣"，蜜柚则是"甜而多汁"。有人送了一个蜜柚给他，他很是高兴地一路捧回北京去跟家里人分享，还郑重其事地向陪同的

美食主题常见于汪曾祺的画作之中

本地作家分享他的体验："切蜜柚的时候，全家老小聚集，一人尝一点，颇为隆重。"对于美食的感悟，汪夫子总是比别人多了那么一点小小的意趣。

泉州古早味代代相传的故事，
无论大菜还是小吃，各成曲调，
在诗人余光中的蚝煎蛋记忆里，
在华侨关于咸酸甜的回味里，
在泉州人对老街老字号的滋味追寻里，
人们能够从中品到的烟火人间的原音与原味，
撩人心魄，却又沉静安宁。

烟火泉州，爱吃才会赢

2022年2月22日，一个有许多与“饿”谐音的“2”的日子，福建泉州石狮市举办了一场别开生面的城市主题文化宴全球发布仪式。在海内外数百位来宾面前长长的餐桌上，16道有着宋元风情、“海丝风味”的菜肴次第上桌，演绎一场名为“宋元海丝宴”的盛筵。不久后，这个宴席便获邀进京，成为闽菜第一个进入中国国家博物馆展出的主题文化宴。

这个宴席的灵感，源自联合国世界文化遗产项目“泉州：宋元中国的世界海洋商贸中心”，在宴席设计上，却贯通了自宋元时期到中国近代的闽南饮食文化脉络。在泉州这座“半城烟火半城仙”的城市，对于舌尖风味的追求，常常会连接起南洋记忆、海丝画卷和闽台风情，其自民国以来的饮食记忆，也从闽南人常说的“爱拼才会赢”，演变成一个人们更喜闻乐见的口号——爱吃才会赢。

余光中最爱蚝煎蛋

“先生，请你为我们的校友们题几个字吧！”

满头银发、面容清瘦的先生停下手中的笔，抬起头来，认真思索了半晌，才又提起笔。大家的目光随着他的笔尖移动，只见第一行是：“六十年后犹记……”

大家心想，这位大诗人，暌违闽南这么多年，他记住的到底是什么呢？只见先生另起一行：“厦大的蚝煎蛋。”

人们愣了一下，不由得都会心地笑起来。先生也随之大笑说，没错没错，这个味道，我记了60年！

这是2014年10月著名诗人余光中从台湾回到母校厦门大学在学校用餐时的一则逸事，从此也在校园中成为美谈。

余光中所忆的蚝煎蛋，闽南和台湾也称为海蛎煎、蚝仔煎，即用海蛎、地瓜粉、青蒜等煎制的美食，在闽台都是代表性的小吃。余光中祖籍是福建泉州的永春县，也属于闽南人，海蛎煎对他来说应该是从小吃到大了，到了台湾，本也不难吃到，只是有些食物，换了个地方吃，或许味道和感觉便不尽相同了。

后来他有一次回到泉州，在接受采访时，听到记者说，泉州的小吃很多，兴致马上又来了，停下采访问道："对对，我以前在厦门大学读书时，特别喜欢吃海蛎煎，泉州哪里可以吃到？"

也许对于有着"乡愁诗人"标签的余光中，海蛎煎正是他对厦大、对家乡的一种乡愁的凝聚吧。1949年，就读于南京金陵大学的余光中转学来到厦门，进入厦门大学外文系二年级学习。也正是在厦大短短的一个学期中，21岁的余光中正式开始了他的创作，先后在厦门的《江声报》和《星光日报》上发表了七首新诗，诗人之路就此开启。

入校后，家人在学校附近万石山的半坡上帮他租了一套民房。他还曾经得意地把这段经历写在自己的一篇散文中："从市区的公园路到南普陀去上课，沿海要走一段长途，步行不可能。母亲怜子，拿出微薄积蓄的十几分之一，让我买了一辆又帅又骁的兰苓牌跑车。从此海边的沙路上，一位兰陵侠疾驰来去，只差一点就追上了海鸥，真是泠然善也。"

字里行间，满是年少轻狂的诗意。直到去了台湾，每每思念起自己的闽南时光，他仍然感慨万千。他说，自己少年时住在千叠百障的巴山里，心情却向往海洋，每次翻开地图，看到海岸线就感到兴奋。所以，他在《海缘》一文中又说："骑单车上学途中，有

青年时期的余光中

两三里路是沿着海边，黄沙碧水，飞轮而过。令我享受每寸的风程……隔着台湾海峡和南中国海的北域，厦门、香港、高雄，布成了我和海的三角关系。厦门，是过去式了。香港，已成了现在完成时，却保有视觉暂留的鲜明，高雄呢，则是现在进行时。”

在宝岛台湾，余光中将无尽的乡愁澎湃于自己的诗歌中，其中也有不少与饮食相关的各种意象。

他会在春天，“遂想起多莲的湖，多菱的湖，多螃蟹的湖”；

他会让思维穿越长安三万里去寻李白对饮，在各自对故地故事的感怀中，“酒入愁肠，七分酿成了月光，余下的三分啸成剑气”；

当然，他也会对着一颗白玉苦瓜吟自己的一首充满哲理的诗，“咏生命曾经是瓜而苦，被永恒引渡，成果而甘”……

尽管他最忆的那一款家乡美食，未曾在他的诗里出现，不过美食终究是思念的重要组成部分之一，乡愁，或许也可以是一盘脆脆的蚝煎蛋，他在“那头”，味道在“这头”。

岁月回甘源和堂

乡愁，可能真的是一种复杂而交融的滋味。在泉州，如今许多海外华侨回来探亲，都会去寻找一种“又咸又酸又甜”的味道，在泉州古早味和烟火味浓郁的网红旅游点——西街，在可以仰望古老的开元寺东西塔的寺院墙外，老字号“源和堂”的店铺就提供了这样一种味道的回溯。

闽南人习惯把蜜饯形象地称为“咸酸甜”，泉州则称“盐酸甜”，一看这个称呼，或许舌尖就会条件反射地分泌出唾液。民国时期创立的源和堂，便以这个滋味起家。

源和堂的创始人名叫庄杰赶，人如其名，庄杰赶虽然从小家庭贫困，但和许多善于谋生的泉州人一样，他的特点就是“赶”。9岁的时候，他先是在一家竹篾店当学徒，一年后就带上自己的二弟杰茂，做起了水果提篮小贩，白天到烟馆、妓女间叫卖，晚上到迎神演戏的邻近村落兜售，就这样“赶”出了自己的第一笔积蓄。

1916年，庄杰赶开了自己的水果摊，他头脑精明，精打细算。每天总有一些水果卖剩下，别人降价处理或者干脆丢弃，他则将其

民国时期的源和堂广告

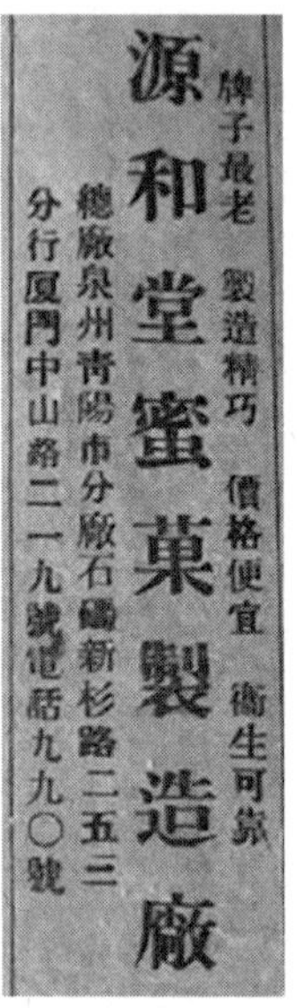

源和堂厦门分部广告

用食盐、糖腌渍起来，用簸箕晒果坯，放在砖埕晾晒，晒干制成盐酸甜，再行出售，受到人们喜爱，逐渐变成了水果摊最受欢迎的品类。

两年后，他把水果摊交给弟弟管理，不久后开始了自己的海员生涯，从上海、天津、温州、广州、汕头，到香港、台湾，再到海外如日本、新加坡，一路“赶”来，为的是自己心里早就有的兴办实业的志向。走南闯北“赶”了整整12年，他带着自己学到的蜜饯制作技术、包装常识和经营管理经验，回到家乡，筹备自己的蜜饯厂。1932年，他们在晋江青阳董厝崎顶购买土地兴建厂房，购置生产设备，开始生产蜜饯，在青阳宫后街开设门市部，以“源水成甘，和末配制”的冠头字“源和”二字为招牌，源和堂由此诞生。

当然，如果你细品这个名字，按照闽南人不甚标准的普通话发音，“源和堂”不就是“盐和糖”吗？闽南人的精明和实诚并不违和，都清楚明白地写在店招上了。

泉州是中国古“海上丝绸之路”的重镇，宋元时期尤盛，所以，泉州人出洋拼搏的基因早就融入他们的血液之中，由近代而至现代，泉州也一直是闽南著名的侨乡。在海外闯荡多年的庄杰赶，带来的海外蜜饯制造和经营经验，也是源和堂能够发展壮大的重要推动力。

两兄弟经营有方，曾经的一个小小水果摊，就这样变成了一家盐酸甜大号，建厂几年后，企业资金达到5万银圆，雇工20多人，年产量150多吨，产品也通过庄杰赶之前建立的海外渠道，远销海内外。

抗日战争期间，由于侨汇中断，源和堂业务受到严重影响。但抗战胜利后，侨乡经济很快复苏，源和堂再次进入全盛时期，在漳州龙海县石码镇开设分厂，在厦门中山路开设门市部，又在青阳再建源和堂门市部，同时还涉足布店、药房等产业，资本一度达到10多万银圆，雇工200多人，年产量飙升至500多吨。1954年，源和堂带头进入公私合营行列，两年后，由福建华侨投资公司投资在泉

早期源和堂的晾晒场

州甲第巷筹建源和堂新厂，改名为“福建华侨投资公司源和堂蜜饯厂”，转为有侨资成分的国有企业。

时光流转，世事流变，但源和堂对于泉州人来说，已经成为一种记忆中可盐可甜的故乡之味——李咸饼、咸金橘、山楂饼、陈皮香梅、巧酸梅、蜜阳桃、咸金枣、七珍梅、蜜李片以及直接就叫作“盐酸甜”的各色产品，不知道润泽过多少泉州人饭后消食的胃，慰藉过多少海外游子思乡的味蕾。

不过，到了20世纪90年代，泉州一批国营老企业因机制问题关停并转，源和堂厂房里响了近半个世纪的机器声，也一度趋于沉寂。进入21世纪后，泉州以“宋元”和“海丝”融合主题建立城市文化支点，源和堂这个自民国时期起凝聚“海丝”、华侨与本土文化的老字号，重新焕发生机。

除了继续坚持原来的古法烧制和传统晾晒工艺外，一些曾经风靡东南亚的拳头产品如咸金枣、三宝果、枇杷膏、枇杷脯等悉数回归，也引回了海外的各路寻味客。闽南人喜欢朝拜的习俗，也被引入这个老字号的运营之中，一款名为“五果六斋”的行香礼袋，直接做成了华侨回乡信俗的随身好物。

在源和堂的旧厂房上，经过改建的源和1916创意产业园，成为泉州新的文化地标；2022年，泉州中山路100周年之际，“百年源和堂·海丝会客厅”亦开门迎客，海内外游客闻讯赶来。有人评价说，这是“见人见物见生活，留形留人留乡愁”。

岁月回甘，时光就这样“赶”出了盐和糖无穷的味道，一颗蜜饯，或许也是闽南饮食文化可以慢慢品味的一种见微知著。

古早味的“原音”

说起泉州的中山路，这一条浓缩南洋与闽南融合风格的骑楼建筑商业街，百余年来，也有满满的老号味道记忆。

据《泉州市志》载，唐代泉州开埠，各色酒肆、客楼应运而生。到宋元时期，随着泉州海外交通的发展，为过往商旅服务的酒店、客栈盛极一时。当时，州官还在泉州建来远驿，为过往外国官员提供食宿方便。明清海禁后，泉州府属的酒店、客栈走向衰落，民国时期战乱频仍，饮食业也受到影响，尽管如此，民以食为天，在当时为数不多的饭店、酒家中，依然有佼佼者。据《鲤城区志》记载，早在民国二十五年（1936），泉州市区的传统名菜中，就有福人颐豆腐卤、龙凤腿、得意居炖牛肉、远芳油烧排等泉州传统老菜。

中山南路上的福人颐饭店，就是老泉州人自民国以来的心头好之一。民国时期，福州人李必才在中山南路开设了一家名为“观五颐”的小店，以合伙经营冷盘、卤料为主，卖的是“俗”食，店名却大雅。后来，店名改为“福人颐”，据传是因为老板是福州人，“颐”则保留原来的“丰颐”之意，亦有“博好彩”的美好意愿，店里也开始经营炒菜，其中有一道福人颐豆腐卤很出名。

20世纪50年代公私合营后，福人颐改造为国营企业泉州市福人颐饭店。元老级注册中国烹饪大师程振芳曾经是福人颐饭店的厨师长，在他和厨师团队的手上，福人颐的蟠龙通心鳗、爆炒鸳鸯肚、翡翠龙虾球、麒麟呈瑞、油焗红蟳都是当时的爆款，与此同时，面向工薪阶层的扁食、干拌面、炒米粉、煎包也很受欢迎，当然，少不了福人颐一直以来的招牌菜——豆腐卤，厨师们把炒菜炼制出的猪油渣、虾米等放进豆腐卤，风味更甚。

福人颐饭店旧影

当时饭店有一位13号服务员姓林，因其服务周到而被评为“全国商业劳动模范”，有一次，她为一位慕名到店就餐的华侨精心筹办了既丰盛又节省的菜肴，让这位华侨十分满意。后来，人们亲切地称她为“端盘子的姑娘”，这个称呼，带有满满的年代感。

福人颐也经营外烩业务，有一次，程振芳带领福人颐的一帮员工，到紫帽山一位华侨家中操办规模盛大的100桌喜宴，从设计菜品，到采购食材、制定做菜工序，最终圆满完成，这位老华侨给予了极大的好评。到了这年年底，福人颐因此给程振芳发了一笔丰厚的奖金——500元的年终奖，这在当时还真不是一个小数目。

尽管随着时代的变迁，福人颐饭店渐至歇业，但这个名字却仍然出现在泉州的街头巷尾，只不过，它是在泉州放心早餐工程的早

菜　馆

名　称	地　址	电　话
满堂酒家	中山中路涂山街头	2887
福人颐饭店	中山南路水门巷口	2759
远芳饭店	中山南路	2706
泉州饭店	中山北路钟楼路口	3243总机转
大众饭店	泉州汽车站对面	4730　4779
桐城饭店	中山南路	2708
清真饭店	中山中路承天巷口	3585
群众饭店	中山中路	2909

20世纪80年代中期《泉州旅游指南》记载的老菜馆

餐车以及市区一条古巷的煎包店招牌上，也是人们记住这个老字号的另一种方式。或许，美味的传承各有方式，与福人颐同时期的远芳饭店，如今在泉州西街等主要街道，专售延续民国时期美食记忆的远芳小笼包，老泉州人评价说，还是原来的味道。

另一家与福人颐有“一时瑜亮”之谓的满堂酒家，最早也设立于民国时期，时人称其“手上技艺巧，心中名菜多。无论飞禽潜鱼、水陆八珍，一经他们精心制作，便成色、香、味、形俱佳的美馔”。

程振芳也在满堂酒家担任过大厨，他手上有一道东壁龙珠，直到现在仍是泉州地区的名菜。泉州开元寺旁有一个东壁寺，寺内种的龙眼树结出很好的龙眼。所谓龙眼，就是闽南人对桂圆的爱称，这道菜即以东壁寺龙眼为主料，挤出果核填入剁成茸的鲜虾肉和猪肥膘肉、荸荠等制成的馅心，挂蛋黄液后油炸而成，味道奇鲜，又极有趣味，也是闽菜就地取材融会贯通的烹饪技艺的代表作了。

闽南古早味代代相传的故事，无论大菜还是小吃，各成曲调，人们能够从中品到的烟火人间的原音与原味，撩人心魄，却又沉静安宁。

和孙中山政见迥异的康有为，
却在对于中西饮食的观点上与其惺惺相惜。
比如，孙中山认为，中国食品丰富，
讲求调味，兼顾养生，远胜西方。
康有为也曾经说过，饮食是中国国粹之一，
不当抛弃中国饮食之道，而仿效西方。
由他们各自引领的中国近代的巨变，
则好比是两个人开的两张针对中国社会的药方，
配方不同，药性也天差地别。

一碗中山汤，还原一个真实的孙文医生

这天，福州中山路廊乡厨房，几位闽菜大师和文化学者正一边翻阅着手中的资料，一边热烈探讨着什么。一般来说，这种场合，大师们必然是在酝酿某道大菜，只见大家议论完毕后，捋起袖子下厨，又是费了一番功夫，终于把这道菜端上桌，再来一轮共同品评。

如此阵仗，且看桌上这是一道什么菜，哦，是一碗汤。细看之下，似乎也不算什么硬菜，感觉就是平平无奇的一碗猪血汤。可如果你跟大师们这样说，一定会被笑话，因为他们会告诉你——此汤并不寻常，称为“中山汤”，跟孙中山渊源很深！

近代福州城名人辈出，不乏为孙中山领导的革命事业抛头颅洒热血者，福州与孙中山有渊源这并不奇怪。只是一碗汤能以“中山”二字冠名，想必这其中定有些故事。

好汤！好汤！

时光回到1912年4月，这是中国近代风云变幻的一年。这一年，孙中山辞去临时大总统，心中怀着对中国经济与民生建设的诸多蓝图，准备周游全国各地进行考察。4月，他以私人名义来闽访问，闽都督府闻讯，不敢怠慢，遂派政务院院长彭寿松前往南京迎候，全程陪侍来闽。18日，孙中山到达马尾，都督孙道仁亲往迎候。

尽管是私人名义，但这一行，孙中山的随行人员仍有胡汉民、汪兆铭、黄乃裳和秘书宋霭龄等数十人。

时任国民党福建省教育厅长的郑贞文后来回忆过孙中山此行的一件趣事。4月20日，孙中山到贡院埕的福建咨议局访问并发表讲话，坐的是轿子。他从圣庙路乘轿出南大街，由于福州市民人山人海夹道欢迎，所以孙中山特意下轿走了一段路，与欢迎者打招呼后方才又上轿。临近贡院时，轿夫忽然提速，跑步如飞，越过登瀛桥直奔贡院，原来，这是清朝大官的惯例，福州人称之为“跳龙门”，以此表示对孙中山的尊崇。

在贡院门外列队欢迎的，是当时的各路官宦名流。这其中，便有聚春园的创始人兼大厨郑春发。有清一代至民国初年，包括商人在内的社会各界有捐官之风，郑春发本人就有六品顶戴，所以也在欢迎人群之列。不过，还没等他看清楚孙中山的轿影，便被召入内衙，布置孙中山一行人的宴会事宜。

福建咨议局是清末准备立宪时成立的，因为在辛亥年秋通过一项议案，要求清总督、将军交还政权，宣告独立，所以光复后还没有改组，议员林长民、陈之麟还分别担任都督府的外交部、财政部部长，与革命党展开密切合作。暂时维持现状的咨议局，实际上就是过渡时期的“议会”，孙中山先生选择来这里访问并发表演说，是有深意的。后来，他坐着轿子而来的这条路，便改名为“中山路”。

话说郑春发奉命，组织聚春园店中大部分职工前往总督府，为孙中山一行操办酒宴。酒过三巡，都督府的人又突然把他叫过去交代说，中山先生酒后还有吃点饭的习惯，你们有没有准备？

实话实说，真的准备是没有，但是聚春园经营这么久，办法还是有的，郑春发马上叫厨师把店里的招牌草包饭献上来。

这饭的名称听起来并不文雅，但把饭包在草袋里其实清香可口，当时很受福州人欢迎。不过，福建人吃饭必须有汤，何况中山先生席上兴致颇高，很是喝了几杯，也该有一碗汤来解解酒了。郑春发到厨房看了一下，哎哟，别的食材没有了，倒是还剩下不少没用完的猪血。

特殊情况，有啥做啥，于是，厨师们将猪血切块，配以胡椒、醋，再放入葱米和麻油等，煮出一道热辣滚烫的猪血汤，端上桌来。说实话，他们心里还是有点忐忑，没想到的是中山先生喝后连连夸赞："好汤！好汤！"随行者也都跟着赞赏有加，喝得十分尽兴，郑春发悬着的心这才算放了下来。

中山"四物汤"

说起来也是，酒酣耳热，三分醉意，这时候来一碗这样热腾腾的汤，可以说真对，真是时候。于是，整桌大菜的菜肴没人记得，反倒是这一碗被孙中山盛赞的汤，不胫而走，广为流传，福州人也就顺势把它称为"中山汤"。有名人加持，喝中山汤很快也便成为福州市民追捧的时髦之事，不但在聚春园，榕城各菜馆也都纷纷推出各自版本的中山汤，风靡一时。再后来，还有人将其加以发展，比如，把已经煮熟的兴化粉或切面，放入沸汤捞一下，再把中山汤浇在上面，称为"猪血化"或"猪血面"，久而久之，成为福州独具特色的一种风味小吃。

复原的中山汤

中山汤的主食材是猪血，说起来，孙中山本人对猪血这味食材是深有研究的。在后来刊行的《孙文学说·行易知难》中，就有一段他对猪血功效的叙述："吾往在粤垣，曾见有西人鄙中国人食猪血，以为粗恶野蛮者。而今经医学卫生家所研究而得者，则猪血涵铁质独多，为补身之上品。凡病后、产后及一切血薄症之人，往时多以化炼之铁剂治之者，今皆用猪血以治之矣。盖猪血所含之铁，为有机体之铁，较之无机体之炼化铁剂，尤为适宜人之身体。故猪血之为食品，有病之人食之固可以补身，而无病之人食之亦可以益体。而中国人食之，不特不为粗恶野蛮，且极合于科学卫生也。"

在投身革命之前，孙中山是一位专业的医生，后来也经常以孙文医生的身份在海内外从事革命活动。所以，他对于猪血功效的这些表述，确实是基于相对科学的道理的。

不仅是猪血，孙中山在汤方面都可称为专家。1892年，他从医学院毕业后，曾在澳门、广州等地挂牌行医，悬壶济世，在此期间，他把自己用了多年的养生保健食疗方——四物汤推荐给一个高血压患者，几个月后患者复诊，病情得到了很大的改善。这个食疗方法于是也被传播开来，很多患者都依其法而常煮常喝。

这道四物汤里当然没有猪血，也和现在人们常说的四物汤完全不同。我们权且称其为“中山四物汤”，它其实就是由黄花菜、木耳、豆腐、黄豆芽四种最常见的素食食材配制而成，从食材角度看，有着丰富的营养价值和养生保健功效，对于高血压患者来说，药食同源，有一定的道理。

从孙文医生的角度，他对于中医和饮食营养颇有研究。他在《建国方略》中就强调，饮食要顺应自然，“人间之疾病，多半从饮食不节而来。通常饮食养生之大要，则不外乎有节而已。不为过量之食即为养生第一要诀也”。

素食方略

从中山四物汤的食材组成来看，孙中山是更推崇素食的。确实，在《孙文学说》一书中，他一而再再而三地说到素食之益，比如，“夫素食为延年益寿之妙术，已为今日科学家、卫生家、生理学家、医学家所共认矣，而中国人之素食，尤为适宜”。他又进一步将其与国人的饮食特质相结合：“中国常人所饮者为清茶，所食者为淡饭，而加以菜蔬豆腐，此等之食料，为今日卫生家所考得为最有益于养生者也。故中国穷乡僻壤之人，饮食不及酒肉者，常多上寿。”

中国古代至近代，穷人吃肉本就属奢侈，所以只能被动吃素。但孙中山四处行医加上各地考察，见识的例子应该说不少，深知菜蔬豆腐反而是最有益于养生的食物，不吃酒肉而多吃素是长寿之道。因此，他又极力赞美中国素食之美：“西人之倡素食者，本于科学卫生之知识，以求延年益寿之工夫。然其素食之品，无中国之美备，其调味之方，无中国之精巧。”

在他提倡“三民主义”之民生主义的演讲中，每每谈到“吃”的问题，也经常提倡素食，其观点也相当亲民而有趣，近乎人类学范畴。比如，他说：“人类谋生的方法进步之后，才知道吃植物。中国乃文明古国，所以中国人多是吃植物，至于野蛮人多是吃动物。”又说：“原始时代的人类和现在的野蛮人都是在渔猎时代，谋生的方法只是打鱼猎兽，捉水陆的动物做食料，后来文明进步，到了农业时代，便知道种五谷，便靠植物来养生。中国有了四千多年的文明，我们吃饭的文化是比欧美进步得多。”

作为素食倡导者，他对豆腐的营养尤为推崇。“中国素食者必食豆腐，夫豆腐者，实植物中之肉料也。此物有肉料之功，而无肉料之毒，故中国全国皆素食，已习惯为常，而不待学者之提倡矣。”在他看来，豆腐属于植物中的“肉料”，动物的肉虽然有营养，但有毒素，豆腐则没有，所以吃豆腐有食肉之欢而无食肉之害也。

在他辞去临时大总统并决意谋划中国经济发展路线的《建国方略》中，他也不忘对食事发表一番宏论：

我中国近代文明进化，事事皆落人之后，惟饮食一道之进步，至今尚为文明各国所不及。中国所发明之食物，固大盛于欧美；而中国烹调法之精良，又非欧美所可并驾。至于中国人饮食之习尚，则比之今日欧美最高明之医学卫生家所发明最新之学理，亦不过如是而已。

何以言之？夫中国食品之发明，如古所称之“八珍”，非日用寻常所需，固无论矣。即如日用寻常之品，如金针、木耳、豆腐、豆芽等品，实素食之良者，而欧美各国并不知其为食品者也。至于肉食，六畜之脏腑，中国人以为美味，而英美人往时不之食也，而近年亦以美味视之矣。

这里顺带把他发明的中山汤原理也作了更具体的阐述，接着，他又进一步说：

近代西人之游中国内地者以赫氏为最先，当清季道光年间，彼曾潜行各省而达西藏，彼所著之游记，称道中国之文明者不一端，而尤以中国调味为世界之冠。近年华侨所到之地，则中国饮食之风盛传。在美国纽约一城，中国菜馆多至数百家。凡美国城市，几无一无中国菜馆者。

美人之嗜中国味者，举国若狂。遂至令土人之操同业者，大生妒忌，于是造出谣言，谓中国人所用之酱油涵有毒质，伤害卫生……市政厅有议禁止华人用酱油之事。后经医学卫生家严为考验，所得结果，即酱油不独不涵毒物，且多涵肉精，其质与牛肉汁无异，不独无碍乎卫生，且大有益于身体，于是禁令乃止。

中国烹调之术不独遍传于美洲，而欧洲各国之大都会亦渐有中国菜馆矣。日本自维新以后，习尚多采西风，而独于烹调一道犹嗜中国之味，故东京中国菜馆亦林立焉。是知口之于味，人所同也。

由酱油而生发对中西方饮食科学的思辨和认知，在孙中山的《建国方略》中可算生动而深刻的一笔。在中国近代的巨变中，孙中山与康有为的政见与思维自然大相径庭，时光悠悠，历史所能提供的答案，都已经给出来了。只不过，回归于作为个体的每一个鲜

福州中山纪念堂

活的人，在对于一日三餐的品质与追求上，未必没有相同或近似的答案，这或许也正是我们可以从时代大国之中还原人生意趣之所在。

不会翻译经济学作品的诗人不是一个好的美食家。
作为晚清至民国时期福建诗坛的领袖级人物，
一生翻译了许多经济学巨著的陈衍，
而作为美食家，
他原创的《烹饪法》则成为民国时期最早的国定烹饪教材。
近朱者赤，就连他的家厨，
也在厨房吟诗作赋，厨艺与文艺，
在烟火缭绕之中成就一种别有风味的生活之趣。

诗事食事皆学问
——民国第一本烹饪教科书作者陈衍

现代人有个说法，叫“斜杠青年”，意指人能力或成就跨界、多元，后来也衍生出“斜杠中年”“斜杠老年”的提法。晚清至民国时期，福州有一位牛人，就是不折不扣的“斜杠”一枚。

再套用现代的句式“不会翻译经济学作品的诗人不是一个好的美食家”，用来形容这位陈衍先生也是再合适不过了。民国时期最早的一本国定烹饪教材，正是出自他之手。

“诗坛教主”爱美食

“谁知五柳孤松客，却住三坊七巷间。”陈衍，福建侯官县（今福州市）人，字叔伊，号石遗，晚称石遗老人，笔名萧闲叟，他精通诗学、儒学、经学、朴学、史学、经济学，因此成为清末民国初文坛上一位响当当的人物。他早年幕游各地，1923—1926年在厦门大学任教，曾任国文系主任、国文正教授。

世人公推陈衍为“同光体”诗派代表人物，汪辟疆撰《光宣诗坛点将录》把他列为“一同参赞诗坛军务头领”，位属“地魁星神机军师朱武”，词曰“取威定霸，桐江之亚”。《水浒传》中，神机军师朱武的梁山的职级并不高，但在诸多水寨事务上却常常扮演关键角色。所以，汪辟疆对于陈衍在文坛地位的评价，其实是相当高的。

陈衍像

作为当时著名的诗论家，陈衍论诗交友，传道授业，建树极丰，其诗友里包括周殿熏、黄瀚、虞愚、林尔嘉等在厦门名噪一时的人物。厦门大学第一届学生叶国庆曾经在《我们那时候》一文中提到，当时的学校有一个苔苓诗社，社员有三十多人，每学期会征集诗歌一到两次，陈衍就是主要的出题人之一。

细细翻开陈衍的主要履历，确实是一位学霸级人物。他自幼随父读书，善文笔，有口才，23岁起就开始研究文字学，光绪八年（1882）中举人，第二年便著《说文辨证》14卷，后又任《求是报》主笔、报局总纂、京师大学堂经学教习等职，还与人合译《货币制度论》《商业经济学》《商业开化史》《商业博物志》等书。新《福建通志》便是他任福建通志局副总纂时著成，全书共600卷，1000万字，至今仍是研究福建历史人文的重要史料之一。

作为"同光体"诗派倡导者和领袖、诗学理论家，时人称陈衍为"诗坛教主"。1912年，他应梁启超之约在其《庸言》杂志上刊登《石遗室诗话》，风行海内，书中囊括晚清民国300多位诗人、2000多首诗歌和1300多个句段，其中的作者不乏左宗棠、刘铭传、张之洞、康有为、梁启超、林旭、严复、林纾、章炳麟、王国维、黄遵宪、陈宝琛等当世名人。章炳麟还请他主编过《国故论衡》杂志，并称赞他："仲弓道广扶衰汉，伯玉诗清启盛唐。"

陈衍对台湾的诗坛也有特殊的影响。日据台湾时期，由鼓浪屿菽庄花园主人林尔嘉在厦门发起的爱国文学社团菽庄吟社，云集许多台湾流亡诗人，他们就将陈衍尊奉为精神领袖。这个诗社以

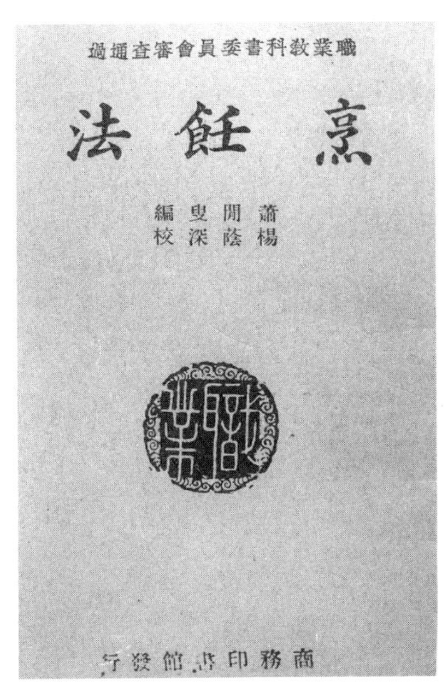

陈衍著《烹饪法》书影

“抗日复台”为宗旨，接受“同光体”闽派有关“宗宋”“以诗存史”“以学为诗”等文学观念，在当时中国诗坛上有很大的影响力，有“东南第一坛坫”之称。

在翻译方面，与同为福州人的翻译大家严复、林纾不同，陈衍专门翻译经济学著作，内容实用而通俗，对当时的商务官吏和经商者启发颇深。但陈衍的另一个成就更为独特，他以萧闲叟的笔名编著的《烹饪教科书》，在中国烹饪史上首次将烹饪方法、菜谱编著成书，且正式成为国民教学的教材。

不过，对于陈衍的著作，文化界熟知的是《石遗室诗文集》

《石遗室诗话》《近代诗钞》《元诗纪事》《辽诗纪事》《金诗纪事》《宋诗精华录》等，甚至在其嫡孙陈步编选的《陈石遗集》三卷本中，《烹饪教科书》只是节选了一小部分，并不起眼。

看来就连嫡孙也并不完全懂他的爷爷，事实上，在《陈石遗集》中略去大部分内容的《石遗室菜谱》，才是陈衍更具性情的得意之作。

君子不必远庖厨

“君子远庖厨”这句话，数千年来对于中国饮食文化在整个文化谱系上的地位影响不小，但这也源于流传过程中约定俗成的断章取义。举凡林洪的《山家清供》、袁枚的《随园食单》、李渔的《闲情偶寄》饮馔篇等，乃至四大名著中关于饮食的描写，其实都是美食与文化相互依存且影响深远的见证。

陈衍其人，在熟人朋友眼中的“标签”非常明显，他不仅喜欢请客，还精通烹饪，自己喜欢下厨。在崇文书局1918年版《当代名人小传》中就说：“衍自光宣末即居京师，精饮馔，诸名士恒集其斋中赋诗斗酒。”连陈步自己都承认，他的爷爷治家勤俭，但极富生活情趣，每以“君子不必远庖厨”自况，以诗会友之余，常亲自下厨作膳，以佳肴奉客。

正因为这样，“陈家菜”在当时名气很大，据传时任福建省主席的陈仪在品尝之后，盛赞“陈家菜较北京谭家菜有过之而无不及”。“谭家菜”是中国最著名的官府菜之一，是清末官员谭宗浚的家传筵席，因其是同治十三年（1874）的榜眼，又称“榜眼菜”，在民国时期风行一时，可称为顶级盛宴。陈仪有此评价，可见陈家的菜，殊非凡物。

而会做会吃还会写，那才叫真正厉害。民国期间，坊间流传着多种私家菜谱，仅商务印书馆就出版有《陶母烹饪法》《俞氏空中烹饪》《英华烹饪学全书》《家事实习宝典》《家政万宝全书》《实用饮食学》等，但唯有陈衍的《烹饪教科书》署有“教育部审定”，成为中国教育史上第一部烹饪教科书。

当时的师范学校和女子中学均有实习烹饪的明文规定，但一直没有合适的教材。商务印书馆的编辑高梦旦、李拔可是福州人，深知陈衍精于此道，就向他邀稿，陈欣然答应，遂作《烹饪讲义》付之。

全书总共三万余字，概括了烹饪要旨、物品选择、制作方法等方面的知识，并详细介绍了数十种各式菜谱。后来，经民国教育部审定，将其列为学校教科书。该书1915年初出版时名为《烹饪教科书》，署名“编纂者萧闲叟”；1934年版更名为《女子烹饪教科书》；到了1938年，再次更名为《烹饪法》。在最初版的《烹饪教科书》的“编辑大意”中有一段话：“本书之著实为创作，非如其他教科书有东西书籍可依据，不敢自诩为空前杰构，而经营惨淡煞费苦心，阅者鉴之。”用现在的话说，这本书绝对是原创。

闽菜专家刘立身在其《闽菜史谈》中，特别表达了对陈衍与《烹饪教科书》的看法：“陈衍的人生实际上跨清末与民国两时期，加之属名士之列，多有书载其美食之事。”

他还提到了徐珂《清稗类钞》里记载的陈衍戏作《饮酒和陶》诗十章，以及陈衍晚年充满烟火气的诗：“晚菘渐渐如盘大，霜蟹刚刚一尺长。独有鲈鱼四鳃者，由来此物忌昂藏。”既是一首有趣的好诗，又有满满的画面感，陈衍的饮食文化修为由此可见一斑。

只是截至今天，对于这本在中国烹饪教育史上占有重要地位的书，专门的研究者并不算多。因此，不妨将它做一个“分拆”，让我们看看这样一本用心原创的书，到底有着怎样的“干货”。

有闽菜范儿的教科书

书分前编、后编两部分。前编是总论性内容，主要包括“绪言”“饭菜论上”“饭菜论下”“荤菜论”“素菜论”“锅灶及诸燃料”“刀砧及诸杂器”“盘碗”“作料”“食品不能分时令”等10篇内容，即便是今天大厨来看，也会觉得，大部分烹饪专业涉及的内容

烹飪法

前編　總論

第一章　緒言

古語有云：「民以食爲天。」「人情一日不再食則飢。」是食之於民也可謂綦重矣。蓋人體猶如蒸汽機，蒸汽機一日無燃料，即不能發生其效力；人體一日無食物，即飢餓不能獲生存。然食物之道，瓜果之類一部分雖可生食，其他如猪、羊、雞、鴨、魚、蝦之類，皆非熟煮不能食，於是烹飪之法尚焉。烹飪得宜，不但合於衛生，即肥鮮固可適口，淡薄亦堪下咽。漢陸續之母，切肉未嘗不方，斷葱以寸爲

第一章　緒言　一

《烹饪法》总论

都在其中了。

后编的各论，就是直接上菜谱了，菜式一共数十道，有荤有素。在1938年版改名为《烹饪法》的同时，这些菜谱被进行了归类，分成猪肉、猪杂件、羊肉、鸡类、鸭类、鱼类、虾蛤、菜叶类、豆瓜类、其他食物等，类目更加清晰。

传统相声里有脍炙人口的《报菜名》，我们也干脆把这本书的主要菜名一起“报”来看看：

红烧猪肉、白煮猪肉、炒肉丝、川肉汤、白片肉、烧片肉、蒸米粉肉、炸排骨、炸肉丸、卤猪爪、蒸肚块、炒腰花、炒猪肝、炒猪小肠、会猪大肠、会猪脑、卤猪舌、炒羊肉丝、会羊头、会羊肚丝、羊血羹、羊羔、红烧鸡、白切鸡、炒鸡丝、溜炸鸡、红烧鸭、烧片鸭、炒鸡鸭杂、炖鸡鸭蛋、蛋丝汤、溜黄鱼、炒黄鱼片、川汤鱼片、瓜枣、炸鳜鱼、白炖鳊鱼、红烧鲫鱼、红烧鲢鱼头尾、鱼丸、熏青鱼、干炸鲜变咸黄鱼、炒虾仁、香油虾、炸蛤蜊饼、清炖白菜、红烧白菜、炒白菜、腌白菜、清煮瓢儿菜、炒白菜苔、红烧茄、搗笋、雪里红会笋、炒蚕豆、炒黄芽韭、拌芹菜、炒菠菜、拌豆荚、红烧冬瓜、醋溜瓠子、生拌莴萵、红烧小芋头、炒豆腐干、会豆腐、炒面筋、素会。

就教科书而言，这些菜很显然都属于相对意义上的家常菜，即便如此，书中对于每道菜的做法也都相当详尽，比如，不像其他中国食谱中的“盐少许，酱油少许”，都会写明“酱油一两，糖三钱”等，相当精确。

作为闽人，陈衍做菜自然会有一定的闽派风范，所以这些菜中其实也有闽菜技法的诸多精妙之处。书中有两个写法与现在不同，就是“会”和“川”。“会”就是“烩”，即食材带汤加芡汁烹炖；

而“川”实为“氽”，正是闽菜最为经典的技法之一，鸡汤氽海蚌就是闽菜中一道简约但高大上的名菜。

所以不要看书上教的只是家常菜，陈仪当年之所以会将陈家菜与谭家菜相提并论，或许正是因为陈衍把家常菜做出了官府菜的级别，这种功夫，自是更加了得。

回到《烹饪教科书》的总论部分，看过袁枚《随园食单》的人，都知道其中有特别列出的“须知单”，陈衍也有这样的写法。同时，他的有些观点与袁枚相合，有些却恰好相反。

相同的如“盘碗”一节，《烹饪教科书》说：“谚云：‘美食不如美器。’谓见器之美。则菜之美者，可以愈助其美；菜之不美者，亦可以稍减其不美……譬如花然。花虽好亦须枝叶扶持，乃愈见其好也。”这中间还有一段极其详细的论述，与《随园食单》的“器具须知”极为吻合，但更加详细。

而在关于食物分时令方面，两人的意见就很不一样了。袁枚认为：“冬宜食牛羊，移之于夏，非其时也；夏宜食干腊，移之于冬，非其时也……有过时而不可吃者，萝卜过时则心空；山笋过时则味苦；刀鲚过时则骨硬。所谓四时之序，成功者退，精华已竭，褰裳去之也。”

这是尊重自然规律，“不时不食”的意思，当然也没有错。可陈衍并不同意，他在书中说："食品不能分时令，猪羊鸡鸭，四时皆有，不能强派定某时食猪、某时食羊、某时食鸡、某时食鸭也……南北亦各不同，如南边鸡四时皆有，鸭则夏秋间新鸭方出；北边鸭四时皆有，鸡则夏季新鸡方出…… 故食品不能断定某为春季，某为夏季，某为秋季，某为冬季。只有预备多品，分门别类，以待随时随地酌用之耳。"

客观来说，他的观点更具前瞻性，尽管民国距离袁枚所处的时代并不算远，但社会经济的发展和地域物产往来的进步，应该正是陈衍观点迥异于袁枚之由来。

匹园广大接随园

说到《烹饪教科书》的署名——萧闲叟，其实也有来由。据说陈衍对其婚姻自视甚高，1932年除夕，他在苏州与钱锺书聊天的时候，就很骄傲地说："若余先室人之兼容德才，则譬如买彩票，暗中摸索，必有一头奖，未可据为典要。"

其时陈夫人已过世，但话里话外，可见陈衍对夫人评价之高。陈夫人本名萧道管，自幼读古书，颇有见解，与陈衍成婚后，曾挈儿女随夫旅食四方二十余年，见闻广博，亦有不少诗书著作，被誉为“女学儒宗”，也难怪陈衍会因其夫人而如此自豪了。

在夫人过世时，陈曾作悼亡诗《萧闲堂诗三百韵》，里面多次提到与夫人所烹饪食物有关的内容，如“佐饭欣螃蟹，调羹爱蛤蜊。每烹长水鸭，能饱富春鲥。梨藕常充啖，参苓亦偶资”，可见夫妻二人在下厨做饭这方面，是意趣相通的，可能也是很不错的厨房搭档吧。

《烹饪教科书》出版时，萧道管已去世八年，陈衍署名“萧闲叟”，当有纪念斯人已逝自己因此而“闲”的一种惆怅之感。1917年，陈衍从北京回到福州，居文儒坊三官堂八号，于居所后屋辟匹园，中有小花园，四周有墙，东北缺角，酷似“匹”字，陈衍自己解释说，“匹夫卧楼上，匹妇长卧地下”，“鳏寡而无告”，依然有浓浓的思念之情。此后，他在这座匹园里组织诗社，宴客聚会，以解其闲愁。

这座园子成为陈衍好友们在当时的一座文化乐园，颇有中国古代文人园林雅集之风。曾经来到匹园吃美食的人不少，其中有一位他的忘年交——以《围城》蜚声文坛的钱锺书。

说起来，陈衍是长辈，与钱锺书的父亲、国学大家钱基博素来交好。钱基博仰其诗名，特意遣长子钱锺书向陈衍学诗，没想到这两个对生活都有独特理解的爽快人成了无话不谈的好友。钱锺书与杨绛新婚时，陈衍撰贺联“一双同梦生花笔，九万培风齐斗楂”赠之，这副对联一直挂在钱杨两人的书房内。1937年7月陈衍逝世时，钱在海外作《石遗先生挽诗二首》哭之，还说：“今也木坏山颓，兰成词赋，遂无韩陵片石堪共语矣，呜呼！”悲痛之情溢于言表。

此前每次赴匹园，钱锺书都大为快意，他也认真读过陈衍的《烹饪教科书》。经常调侃人而不轻易“点赞”的钱先生，在他的《论诗友诗绝句》中，对匹园赞赏有加：“诗中疏凿别清浑，瘦硬通神骨可扪。其雨及时风肆好，匹园广大接随园。”

诗里把匹园与随园相比，一则是说陈衍的《石遗室诗话》正与袁枚的《随园诗话》相类，二则也是认为，《烹饪教科书》与《随园食单》是一脉相承的。不过，钱锺书认识陈衍时，后者已年近八旬，不太可能亲自下厨了，钱锺书来到福州匹园的舌尖享受，应该是出自陈家家厨张宗杨之手。

爱写诗的家厨

自中国古代以来，会写诗的并不一定都是文人，和尚、道士、军人、乞丐乃至妓女，行行出诗人。但要论厨师会写诗，倒还真挑不出几个。那么陈衍的家厨张宗杨，近朱者赤，可算是民国历史上的一位“诗厨”了。文史学者曹亚瑟的《石遗室菜谱和诗厨张宗杨》中，对此有着相当生动的描述。

话说陈家宴客多为当时文化名流，主人又是一个“诗痴”，张大厨难免耳濡目染，加上其悟性高，端菜往来或者下厨之余，也就开始吟上几句。陈衍对此表示大喜，于是在他写作《石遗室诗话》时，也不忘夸一夸自家厨子的诗：

余仆张宗杨，侯官绅带乡人。……宗杨从余十余年，年亦三十矣。喜弄文墨，无流俗嗜好，行草书神似苏堪，见者莫辨。掞东、众异、梅生最喜之。欲学诗于余，余无暇教之。惟从余奔走南北……无游不从。钉铰之作，遂亦裒然径寸。然识字甚少，艰于进境。前岁除夕，亦和余“村”韵三首云：……意自寻常，音节却亮。

在《石遗室诗话续编》卷六中，他不但品评了张宗杨的诗作，连张宗杨儿子的诗也一并夸了。他说：“张宗杨读书至不多，而诗句时有清真可喜者……又句云：‘年来事业那堪问，谁说青蚨去又回。’盖宗杨近年营业大折阅，蓄积荡然也。”下一段又说：“京生，宗杨子，有父风，喜为纪游诗。”张宗杨或许没有把厨艺传给下一代，但在写诗这件事上，儿子倒也深受其父影响，出去玩儿的时候也爱写写诗。

只是当时的评论家却对此颇有非议。汪辟疆的《光宣诗坛点将录》，虽然把陈衍比为朱武，却分配张宗杨为“监造供应一切酒醋”角色，并称其为“此脯椽也，小人张，主人衍”，明显是戏谑且不屑之语。

连名士章士钊都忍不住在《论近代诗家绝句》论曰：“众生宜有说法主，名士亦须拉揽人。石遗老子吾不识，自喜不与厨师邻。”章与陈看来并不相识，所论或许过于偏颇，想来如果他有机会到匹园“搓”一顿，这首诗的诗风能为之一变也未可知。

还有说得更不客气的。冒效鲁在《光宣杂咏》中就引经据典评价过这件事：“白发江湖兴不殊，阉肰媚世语宁诬？平生师友都轻负，不负萧家颖士奴。”这里引用的是唐代萧颖士的典故，萧颖士的仆人杜亮，因爱慕主人才华，宁肯被性格暴躁的主人打死也不肯离开。萧亦暗指“萧闲叟”，民国文人这种暗戳戳骂人的风气，如今看来也堪称一景。

在徐珂等人的民国文献中，关于张宗杨的诗也有相关记载。从收入《石遗室诗话》《近代诗抄》中张宗杨的诗作看，“意自寻常”是肯定的，“音节却亮”大概有如炒菜时的猛火急攻，以今人的眼光，厨子写诗自成一体又有何妨?

陈衍爱屋及乌，由热爱美食而力捧自家厨子的诗，于他本人的趣味而言并无可非议。或者，条件允许的话，他真的应该拉上这些批评者来匹园，让张宗杨的厨艺征服他们的胃，酒酣肚饱之际，再论一论厨艺和文艺之间的关系。

一道将鸡、鸽子和鹌鹑装入硕大猪肚内的老菜九世同居，
牵出了一段丝绸之路文化交会的佳话，
而记载这道菜的一套民国百年老菜谱，
更成为一卷不可多得的闽菜文化“清明上河图”。
动人之处，既在于民国老师傅孜孜不倦地笔耕，
让老闽菜穿越时光而留存；也在于几代厨人传承，
不断将三本老菜谱唤醒，让今天的人们，
依旧可以品尝到当年风味。

三本老菜谱，一卷闽菜的“清明上河图”

2023年9月的一天，厦门宾馆，一场名为“海丝陆丝长相思”的美食文化盛典正在热热闹闹地举行，只见一位英气俊朗的大厨上台，为台下数百位观众表演他的绝活。

看着这位名叫叶明福的大厨有如变魔术一般地将鸡、鸽子和鹌鹑装入一个硕大的猪肚内，台下不断爆发出掌声，不多久，猪肚里已经是气象万千。叶大厨将其携入后厨进行烹制，在随后的晚宴

中，这道叫作“九世同居”的闽菜老菜惊艳亮相，又引发一轮新的喝彩。

这道菜来自百年前的民国老菜谱，记录者是闽菜名师胡西庄。比菜肴更精彩的，正是自民国以降，关于这闽菜老菜谱所撰写和传承的动人故事。

有趣的“小厨子”

那晚的烛光映着20来岁俊朗小伙的脸，光影摇曳——当别的厨师结束工作伸个懒腰去喝小酒时，胡西庄却拿起了毛笔，在一沓信笺纸上认真写着什么，完全不顾自己一天在厨房忙完满身的烟火气。

如今，翻开眼前这几本一笔一画写下的闽菜老菜谱，你仿佛还能感受到当年的烛影和烟火气。这一套从近一百年前流传至今的菜谱，在胡西庄持之以恒的一笔一画里，浸润出美食与岁月呼之欲出的神奇交会。

胡西庄小名唤作“细庄”，而“细”正是福建人对于孩子习惯的昵称。他1903年出生于福州树兜，这地方离如今东街口聚春园老店很近，12岁那年，他便进入聚春园，跟随福建餐饮界的传奇人物郑春发学厨。

那个时候，餐馆老板通常本身就是大厨，所以能够拜入郑老板门下学艺，年轻的胡西庄无疑是幸运的。在聚春园，七年学艺，其中甘苦自不必说，一晃到了20世纪20年代，19岁的胡西庄只身来到厦门，想为自己再闯出一片天。

当时正值厦门市政大开发时期，后来厦门城市的繁荣正肇始于此。此时已经怀揣一身厨艺的胡西庄，正好大有用处之地，他先后在南轩酒楼（后改组为新南轩酒家）、东亚酒家等知名闽菜馆担任大厨。

胡西庄的厨艺全面，其刀工和砧板技术更是为时人所称道。据说，许多再平常不过的蔬菜，在他的手下很快变成艺术品：蒜头刻成玉兰花，番茄切割成金鱼，青葱雕成蜡梅，胡萝卜变身兔子和牡丹花……至于闽菜的经典刀法如直刀法、平刀法、斜刀法、花刀，等等，更是行云流水，堪称一绝。

胡西庄像

不过，就在自己还是个学艺过程中的小厨子时，胡西庄就比别的厨师有趣得多：爱写字，爱画画，还爱听戏文儿。毕竟，在学厨之前，他是上过私塾的，后来他的同僚们经常说，如果西庄不是来学厨，或许走的也是功名一路呢。

还好他没有去求功名，否则，世

间也许多了一个普通学子，却少了一个闽菜“断代史”的记录者。

三本有趣的老菜谱

流传至今的这三本老菜谱，全部都是用毛笔小楷写在熟宣纸上，字体清秀，偶尔配上一两幅小画，一望而知，这确是出自一个认真而有趣的人。

比起许多各地流传下来的板板正正的只有做菜方法的老菜谱，它们显然更为生动有趣，更重要的是，它们无意中融会了民国时期闽菜与福建近代历史变迁乃至中西交融的种种细节，透过这些菜谱的记载，你不仅能看到当年福建餐饮行业的盛况，也能通过这些菜，一窥民国时期的社会、人文和风情。所以，这一套看似随意记录的胡西庄菜谱，却有机地融合了民国八闽大地乃至全国菜系的经典菜式，并结合其自身丰富的业界经验，形成了融会各地饮食精髓和中西交融特色的多元化的“闽菜大观”。

三本菜谱的完成时间跨度20多年，从1922年到20世纪40年代左右，涵盖了民国时期闽菜的盘菜、小吃、名点、时令小菜的详细制作方法，共计近千道菜品，以福州菜、闽南菜为主，也有当时北京、山西、淮扬、广东、江浙菜的做法记载，后期甚至连苏联、匈牙利等外国菜也有。

另外，菜谱中还记载了一些当时厨师考试的刀工和烹调方法要

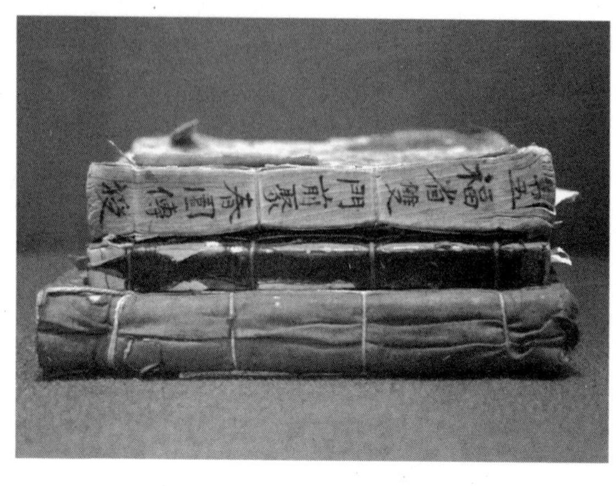

三本穿越百余年时光的老菜谱

求，以及沙茶这种南洋舶来调味品的原料和做法。除了闽菜经典的佛跳墙之外，胡西庄也详细记录了一品钴这道历史悠久的名菜，这道菜当年不管在店堂还是在家厨料理都非常受欢迎，而胡西庄老菜谱里的记载十分详尽，也成为人们考据百年前老闽菜风味特点的重要史料。

来看看这些听了就会流口水的菜名：贵妃醉鸡、芙蓉鸡绒、棋盘鸭子、炒沙茶肉、南征猪肝、脆皮贵鱼（鳜鱼）、鹭江蚵煎、寿封梅鱼、南厦薄饼…… 这些老闽菜，有一些仍然活跃在福建人的餐桌上，但也有不少随着时代变迁暂时湮没，却在这里找到了活生生的食材、做法的详细记载。

再看另一些菜名，你甚至会觉得，那时候的人吃东西，也很讲究“用户体验”：一寿延年、鸳鸯伴眠、紫气东来、南北仙

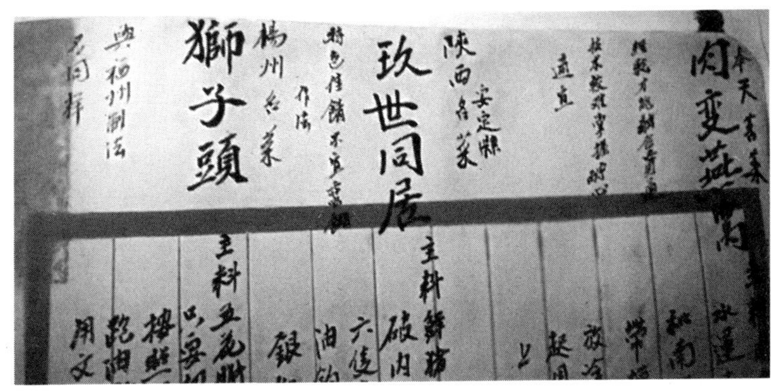

老菜谱记载的当时厦门流行的各地名菜

增、九世同堂、桃园结义、加冠晋禄、龙穿天庭…… 名字一个比一个有文化内涵，让食客吃的时候，光听菜名都觉得很开心。即使菜谱中告诉你，鸿雁传书、弄月带影的食材是鸽子，而龙穿天庭则是一道用猪头做的菜，你也会觉得有创意，忍不住想尝一尝。

据胡西庄的弟子考证，菜谱中有一部分菜肴很有可能是胡西庄自创，或者是对当时的菜式加以改良，并赋予了强烈的时代特征。比如，一战荣归，是一道以鸡为主要食材的菜肴，带出不一样年代感，正是当时“一战”刚结束，中国作为战胜国给国民带来的荣誉感的体现；又比如抗日虾将，以虾仁、面包和红蟳膏组合，颇有“虾兵蟹将”也要踊跃上场杀敌的意趣。联想起他记载这道菜的年代及此后的历史进程，更令人感慨万分。

或许因为胡西庄喜欢听戏，在他的菜谱中，有时会兴之所至，详详细细记上一段戏文的词，让人仿如置身于当年，坐在馆子里吃着大菜，听着戏，妙处无穷。所以，说这些菜谱是一卷卷闽菜美食版“清明上河图”，殊不为过。

从溯源到复原

不过，如果老菜谱只是留存下来而作为文物，那我们的故事或许也就终止了。事实上，开头的那一幕，正是源于这三本老菜谱复原过程中的又一段闽菜动态传承的佳话。

1949年后，胡西庄继续在新南轩、厦门市委接待处担纲各种重要接待的主厨，同时，也悉心授徒，为厦门培养出了赵守禄、赵守喜、赵不佑、黄土俤、潘水官、郑依兔、童辉星、胡振南等一代名厨大师。

元老级注册中国烹饪大师童辉星对自己跟随胡师父学习的日子，仍念念不忘。那时候，他也是二十出头的年轻厨师，和胡西庄的二儿子胡振南一起，在厦门市人民政府交际处第二招待所（鹭江大厦）学厨。在他的记忆中，胡师父是一米七八的高个子，气宇轩昂，走路风风火火。他为人随和，但对待手艺一丝不苟，即便对弟子有责骂，也是“爱之深，责之切”，颇有老派匠人的风范。

那时，童辉星和胡振南一起住在鹭江大厦五楼，而师父的这几本菜谱就放在房间的橱柜里，工作之余，两个年轻人也经常一边喝茶聊天一边翻看，从师父的记载里“偷师”。只不过，那时毕竟年轻，很多门道还没有真正看出来。

胡西庄于20世纪80年代离世后，胡家后人一直把这几本菜谱视若珍宝，保存至今。他们知道，对于一个家族而言，这是老辈留下来的传承；对于闽菜的历史而言，这更是一份不可多得的珍贵史料。

时光如梭，一晃童辉星也到了退休年龄，但他依然为闽菜的传承、创新而奔走。他和自己的弟子叶明福，心心念念，要把凝聚胡师父一生心血的菜谱复原，让中国“新食代闽菜”从历史的溯源中，焕发出新时代的风味和芳华。

叶明福是注册中国烹饪大师、福建闽菜大师，从业已经40余年。他和胡西庄以及这几本菜谱，有着一种独特的渊源。他曾经师从于胡西庄的二儿子胡振南，同时也是童辉星的弟子。按照厨界师徒传承角度来讲，胡西庄是叶明福的师公。而从姻亲关系来讲，叶明福的两个姐姐分别嫁给胡西庄的两个儿子，因为这层关系，叶明福小时候就经常出入胡西庄的家里，经常看到老人在写写画画。

“房间里有一张八仙桌，我师公就在那张八仙桌上写东西。”说起当年的记忆，叶明福觉得就像是一部老电影。在他印象中，师公对人很和蔼，只是在他写东西的时候，调皮捣蛋的小孩子们也不敢随便去打扰。现在才知道，他就是在认真地记录着最新的菜式做法，那时候他已经是六七十岁的老人了。

巧的是，叶明福自幼也喜欢绘画，后来学习了书法和篆刻。1983年，他进入厦门市人民政府交际处第一招待所（后来的厦门宾馆），随后被派往上海锦江饭店学习果蔬雕刻和花色冷盘拼摆技艺。在那里，他如鱼得水，潜心学艺，学成归来后，又得童辉星真传，在厦门宾馆主理雕刻和冷盘。1988年，还作为青年厨师赴美国表演，大受欢迎。

当自己成为真正的大厨，看事情的感觉自然不同。叶明福说，多年以后，他在胡家见到这三本完整菜谱时，当时脑袋“嗡”的一声，就是两个字：震撼！接下来冒出来的第一个念头，就是决不能让这些菜谱继续沉寂下去。

作为徒孙和亲戚，叶明福获得胡家后人的支持，开始了这三本老菜谱的研究。他将它们小心翼翼地放进一个手提的“保险箱”，经常在深夜时分的忙碌过后，打开翻阅，三本老菜谱静静地呈现眼前，百年前的食色生香便扑面而来。

传承老闽菜的灵魂

一开始，菜谱中的许多老闽菜，连叶明福自己也是前所未闻。

而且，多年从厨，他经常听到这样的说法——厦门没有什么大菜，只有小吃。他想，那让他们来看看这些菜谱吧！只是，光有菜谱是远远不够的，要唤醒那些消逝的闽菜，让它们重新活泼泼地出现在餐桌上，才有说服力。

叶明福的想法，和自己的师父童辉星不谋而合。从那时开始，师徒两人一有时间，就会在一起翻阅这几本菜谱，把其中的一部分菜式带进厨房，参照着胡西庄的记载，一道一道进行复原，并且多次尝试和提升，寻找传统古早味和时代特点的完美结合点。复原出来的菜，应用到平时主理的宴席中，老饕们都交口称赞。

不过，复原的过程并没有想象当中那么顺利。因为胡西庄是福州人，所以，这些菜谱中很多文字是福州话，有些还有早期的表达语境，如今的人绞尽脑汁也未必能完全理解。尽管童辉星对自己师傅的表达还是比较熟悉的，但他们仍然要去翻阅大量资料，力求从当时的文化和历史背景去找到最准确的答案。

在菜谱中，有些辅料的克数没有标明，所以需要从自己多年积累的经验去试验、证明和补齐；在一些菜的制作步骤上，则要根据现在设备、炉具特点进行调整；此外，早年间的食材和现在是有差异的，所以在复原时，也不能百分之百拘泥于原来的做法，该改良的也要改良。

童辉星与叶明福对复原老闽菜念兹在兹

其中有一本菜谱，早年间不慎淋到雨，字迹模糊，叶明福说，他拿着手电筒从背面照，然后一字字地记录补充完整。后来，他又花了不少时间将其一页一页拍照存档，研究的时候，尽量在手机或电脑上查看，减少原菜谱的翻阅，毕竟，这已经是上百年的老物件了。

对于童辉星和叶明福来说，复原老闽菜，不仅是菜的机械式复原，更是一种精神的传承、味道精髓的传承。而复原闽菜的精髓，更不是一个人或几个人的事情，他们更希望，随着这些老闽菜的重现江湖，这件事能够成为一个系统工程。

笔者作为持续参与老菜谱的菜式复原和传播工作团队的一员，也经常亲眼看见这些老闽菜的复原过程，可谓眼界大开。别的不说，单是一道听起来名字普通的脆皮鳜鱼，复原的过程就大有奥妙。

通体银黄的鳜鱼在油锅里正炸得欢快，眼看着是外焦里嫩了。这时，叶明福看似不经意地舀了一点点冷水泼进油锅，瞬时间油锅里又沸腾了，这条鱼仿佛再次活蹦乱跳。围观者一定看得目瞪口呆，这种操作，一般人可不敢！

“这正是我胡师父传下来的招数！”在一旁指导的童辉星大师介绍说，在这个时间点，加一点冷水，一是起到油锅降温的作用，二是利用水蒸气让鱼熟，这样炸过的鱼就不会太干，口感更好。正说着，叶明福动作潇洒地将鱼出锅，再淋上秘调酱料，厨房里鱼香、酱香、焦香四溢，让人食指大动。

其实，在鱼入锅之前，叶明福下的功夫可不少。先是鱼的加工，剞花刀后，要在鱼身上仔细地用蛋液和淀粉调制的蛋浆挂浆；再就是酱料的调配，在酱的酸甜度之间，要反复试味，直到比例正好，这样出来的成品，才是最正宗的老闽菜功夫和味道。

以这道脆皮鳜鱼来说，这样的做法更加入味，充分体现了老闽菜酸甜适中的特点，特别是其中跳脱出来的醋味。如果是在烹调过程中就加入醋，很可能在过程中醋就因为加热挥发了。而一次调制而成的酱料，在锅中一热便淋入鱼身，保留住了这道菜最应有的酸味。

老闽菜可以不老

这样的细节，也体现在其他复原菜式中。一盘看似不起眼的花生米，经过与特别调配的五香粉和猪油的交融，顿时穿越回了当年福建人大爱的“雪花生（闽生果）”的独特风味；而在做软煎鸡之前，几种配料的比例，也一样要反反复复调到精妙，看似烦琐，却确保了在鸡排煎得恰到好处时加入，让鸡排达到最佳风味。

面对这一道道保留了百年前风味的老闽菜，有幸作为吃客的人，在下筷之前，不由得生出一份感佩，甚至敬畏。作为胡西庄厨艺的传承者，童辉星和叶明福不遗余力进行老菜谱、老闽菜的复原，也引来业界与媒体的高度关注。

2021年，腾讯视频与光明网联合推出的建党百年城市人文系列专题片《我的城事》厦门篇，选择了以舌尖讲述闽南百年历史，叶明福在镜头前演绎了软煎鸡、脆皮鳜鱼等老菜的做法；2024年某知名电视美食节目，已届高龄的童辉星大师也受邀出镜，亲自展示极具魅力的老闽菜制作过程……

而开头我们所看到的那一道菜，尤其具有特殊的意义。这是2023年9月，正值“一带一路”倡议提出十周年，由厦门老字号协会和西安老字号产业促进会联合举办了“海丝陆丝长相思”美食人文盛典，西安是自汉唐以来陆上“丝绸之路”的起点，而厦门则是“海上丝绸之路”的重镇，丝路美食在这次盛典交相辉映，精彩纷呈。

选择九世同居这道菜作为活动的重头戏，也是由于陕西与厦门的美食渊源。这道菜在胡西庄老菜谱有着详细的记载，它最早是陕西安定县（今陕西省延安市子长县安定镇）的一道老菜，由此可见，一百多年前，在厦门开放成为国际化商埠的时候，丝路美食就开始交会了。

“九世同居”的菜名，源于《旧唐书》记载的南北朝时期北齐名士张公艺，其人历经北齐、北周、隋、唐四代，寿九十九岁，是中国历史上治家有方的典范，他家九辈同居，合家九百余人，团聚一起，和睦相处，被后人传为美谈，遂有“孟母择邻处，张公九世居”之说。

这道菜取“九世同居”所代表的中国传统文化中团圆、和乐之意，用料讲究，做工精细，名闻遐迩，也因此早早便走出陕西，为全国食客所喜爱。菜肴做法上，取一只鸡、两只鸽子、六个鹌鹑蛋为“九世”之意，放入猪肚中为“同居”，按照胡西庄老菜谱记载的陕菜做法进行烹制。在此基础上，又进行了创意改良，在主菜的周围，依次配上九个闽南味浓郁的盖碗小菜，分别为血蛤、花螺、章鱼、泡白菜、泡菜花、蓑衣黄瓜、泡芭乐、杧果、莲雾。

改良之后，在陕菜口味与闽菜风情充分融合的同时，更有“九九归一”的全新寓意，汇“海丝”“陆丝”精华，气势磅礴更兼意趣盎然，也更符合现代人的味蕾喜好。事实上，这正是老闽菜传承者们孜孜以求探索的方向——闽菜的老菜，可以不老，让它们以更具时代特性的方式走进当下人们的餐桌，那些穿越百年历史的口感，依然可以倾心诉说无限的民国风华。

在陈凯歌的电影《霸王别姬》中，
名角儿程蝶衣的特点是“不疯魔不成活”，
而闽菜名师陈如琢的厨艺生涯，
也可谓“不琢磨不成活”。
以如琢如磨的精神实现极致的追求，
方才成就对滋味微妙而精细的把握。
或许，不管是炒面线，还是十八罗汉佛跳墙，
都成就了一部关于舌尖和岁月的连续剧。

大菜小点皆传奇 不琢磨不成活

正如一百个人心中有一百个哈姆雷特，不同的人品尝闽菜，也有各自的心头好。有的人尤喜街边小吃的热气腾腾，而有的人更爱正襟危坐等着一道精工细做的大菜上桌。但对于传统的闽菜大厨来说，大菜小点都必须好好琢磨，才敢称自己手上有活儿。

民国时期入行的闽菜名师陈如琢，人如其名，不管是一盘让海外游子越洋眷恋的普普通通的炒面线，还是一盅比佛跳墙更“佛跳墙”的大菜，他都如琢如磨，传为美谈。

漂洋过海的炒面线

自民国时期起，许多闽南华侨回乡探亲，临别之际经常都要吃上一盘炒面线。这个习惯延续到20世纪六七十年代，华侨们会把几个大大的保温瓶带到某家老店，跟大厨说，请帮我打几份炒面线，我要带回去，让国外的亲朋好友尝一尝家乡的风味。

当时保温瓶还是比较高级的用品，用它装上纯正风味的厦门炒面线，漂洋过海带回去，炒面线的这个待遇可谓相当高级。之所以用保温瓶带，是因为华侨们觉得，这样装回去，风味才能保证，似乎将家乡的“锅气”封印在了瓶里。

炒面线作为厦门独具特色的主食而声名鹊起，至今也有近百年的历史了，最早是由全福楼和双全酒楼的几位老师傅打出名声的，后来绿岛、广丰、好清香这些后起之秀，逐渐传承并改良了做法和风味。而其中对于炒面线风味提升有很大贡献的大厨，正是陈如琢。

陈如琢像

在他供职于厦门有名的双全酒楼时，有一年春节前还受邀在报纸上写了一篇《春节食谱》，教读者怎么做菜，其中第一道菜就是炒面线。

炒面线听起来确实普普通通，殊不知，就好比“一”字最难写，要炒好一盘面线，就是陈如琢这样的大家，也需细细琢磨。早期厦门的炒面线江湖，还有“双雄争霸”的说法，一曰“金丝”，一曰“玉丝”，各有拥趸。

今天在闽南餐桌上的炒面线大多是“金丝”一族，上桌之后，色泽黄褐，油润醇香，但吃到嘴里一点也不油腻，柔韧的面线金光闪闪，故称“金丝面线”。

当年陈如琢手中的金丝面线，简约而不简单。首先要选筋道的

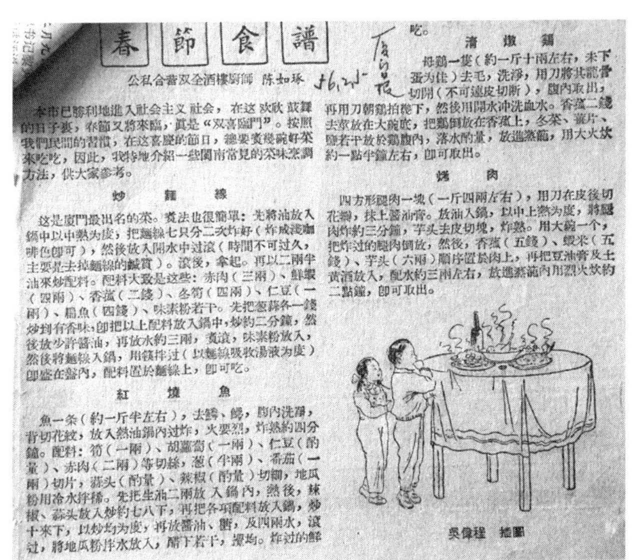

春節食譜

公私合營双全酒樓厨師 陈如琢

本市已勝利地進入社会主义社会，在这欢欣鼓舞的日子裏，春節又將來臨，眞是“双喜臨門”。按照我們民間的習慣，在这喜慶的節日，總要煮幾碗好菜來吃吃，因此，我特地介紹一些閩南常見的菜味烹調方法，供大家参考。

炒麵線

这是廈門最出名的菜。煮法也很簡單：先將油放入鍋中以中熱为度，把麵線七只分二次炸好（炸成淺咖啡色卽可），然後放入開水中过滚（時間不可过久，主要是去掉麵線的鹹質）。滚後，拿起。再以二兩半油來炒配料。配料大致是这些：赤肉（三兩）、鮮蝦（四兩）、香菰（二錢）、冬筍（四兩）、仁豆（一兩）、扁魚（四錢）、味素粉若干。先把葱蒜各一錢炒到有香味，卽把以上配料放入鍋中，炒約二分鐘，然後放少許醬油，再放水約三兩，煮滚，味素粉放入，然後將麵線入鍋，用筷拌过（以麵線吸收湯液为度）卽盛在盤內，配料置於麵線上，卽可吃。

紅燒魚

魚一条（約一斤半左右），去鱗、鰓，腹內洗淨，背切花紋，放入熱油鍋內过炸，火要烈，炸熟約四分鐘。配料：筍（一兩）、胡蘿蔔（一兩）、仁豆（酌量）、赤肉（二兩）等切絲，葱（半兩）、番茄（一兩）切片，蒜头（酌量）、辣椒（酌量）切細，地瓜粉用冷水拌稀。先把生油二兩放入鍋內，然後，辣椒、蒜头放入炒約七八下，再把各項配料放入鍋，炒十來下，以炒均为度，再放醬油、糖，及四兩水，滚过，將地瓜粉拌水放入，醋下若干，攪均。炸过的鮮[illegible]吃。

清燉鷄

母鷄一隻（約一斤十兩左右，未下蛋为佳）去毛，洗淨，用刀將其脊骨切開（不可連皮切斷），腹內取出，再用刀朝鷄拍幾下，然後用開水沖洗血水。香菰二錢去蒂放在大碗底，把鷄倒放在香菰上，冬菜、薑片、鹽若干放於鷄腹內，落水酌量，放進蒸籠，用大火炊約一點半鐘左右，卽可取出。

烤肉

四方形腿肉一塊（一斤四兩左右），用刀在皮後切花瓣，抹上醬油膏。放油入鍋，以中上熱为度，將腿肉炸約三分鐘，芋头去皮切塊，炸熟。用大碗一个，把炸过的腿肉倒放，然後，香菰（五錢）、蝦米（五錢）、芋头（六兩）順序置於肉上，再把豆油膏及土黃酒放入，配水約三兩左右，放進蒸籠內用烈火炊約二點鐘，卽可取出。

吳偉程 插圖

1956年《厦门日报》刊发的陈如琢《春节食谱》

上等面线，放进三分半热的油锅里，炸到赤黄色时捞出来，在沸水里小浸一下去油腻；旺火煸炒肉丝、鱼片、虾仁、香菇、冬笋、红萝卜等配料，加入虾头、虾壳熬制的狗虾汤，煮开后再把之前的面线加进去拌炒。炒面线起锅前，还要特别加入几滴绍兴酒和油酥过的扁鱼碎，使其风味更佳，上桌时再配一碟沙茶酱或者甜辣酱佐味，才最地道。

陈如琢和双全酒楼的大师傅们另有一道拿手面线，就是玉丝面线。顾名思义，“玉丝”就是面线如玉般爽滑不黏糊，入口鲜美细腻。除了卖相上的差异，玉丝面线的原料、配料和金丝面线倒是基本相同，差别是炒之前面线不用经过油炸，只需要放到沸水里烫过再滤干。

然而炸与未炸，面线入锅时的状态其实差别很大，玉丝面线也确实更考验功夫。正是因为琢磨了一辈子，操持了一辈子，陈如琢不断改良、微调的炒面线，才成为海外游子慰藉乡愁的保温瓶伴手礼之一。

爱琢磨的师父和徒弟

20世纪三四十年代，福建安溪人陈景辉、陈其贤两位姑表亲创立双全酒家，位于厦门开元路35号，以独到的厦门本土风味菜肴而闻名。其店名“双全”，寓意着全心全意、通力合作，早期酒家主打的菜肴除了炒面线，还有炒米粉、封肉、烤猪等。在民国时期的老广告资料中，双全酒家的广告语是“特聘名师，专办筵席，日夜时菜，随意小酌，招待周至，各界品尝”，这是当时餐馆酒家广告的标准范式，广告中所提的名师之一，就是陈如琢。

《诗经·国风·卫风》中有这么几句：“有匪君子，如切如磋，如琢如磨。”后来，《论语》曾专门引申过它的意思：君子的自我修养就像加工骨器，切了还要磋；就像加工玉器，琢了还得磨。据说陈如琢的名字，正是上一代人据此而起的。

在陈如琢写《春节食谱》的那一篇报纸文章中，所写的都是相对的家常菜，那是一个物资相对匮乏的年代，字里行间也可以看出，陈如琢总是带着厨师们想尽各种办法，让人们吃得又好又划算。而如今再看他留下的这些菜式，每一道的程序都细致、认真，真能按他的做法来操作，哪怕是炒面线，你都能吃到真正的老味道。

当然，不要以为陈如琢只会琢磨炒面线，在他手上缔造的另一个闽菜经典传奇菜肴，名字听起来就相当厉害——十八罗汉朝观音。资深吃货一看这个名字大概也能猜出几分，它可以说是早年闽南版的佛跳墙，是用了十余种上乘的原料精心烹制而成的，在陈如琢不断的琢磨和改良之下，十余种食材的味道融合得恰到好处。当然，因其用料精细高档，做工繁复耗时，那时候，也只有酒楼的贵宾才有份吃到。

不过陈如琢或许没有想到，他带出来的徒弟，其琢磨的劲头也不亚于他自己。其中一位弟子正是后来的元老级注册中国烹饪大师童辉星，在承继师父的琢磨精神后，他把陈如琢的十八罗汉朝观音，延展出另一道闽菜的传奇菜肴。

童辉星入行的时候，他的第一位师父就是陈如琢。这位老师父，为人和蔼，平时总是笑眯眯的，但一进厨房，立刻变得严格起来。名师调教，加上自身的聪颖和努力，到20世纪八九十年代，童辉星已经声名鹊起，多次在各种全国厨艺大赛上获奖。盛誉当前，他却有一件事情一直放在心上。

当年，厦门的厨界已经开始有各种高层次的接待工作，自然需要有能够镇得住的大菜。而闽菜中除了素有“北墙”之称的佛跳墙，陈如琢的十八罗汉朝观音也是福建南部一道可以与之比肩的名菜。

大厨们都在动脑筋。当时，福州的闽菜大师强木根受邀到北京钓鱼台国宾馆去展示佛跳墙技艺，他把原来用一大锅上桌的方式，改成了小坛装，让佛跳墙的格调一下提升了不少。这个“化整为零”的创意，也被认为是佛跳墙菜式历史上的一次重大发展，对当时福建厨界震动很大，也深刻地影响了现在佛跳墙的展现形态。

看在眼里，琢磨在心里。童辉星经过一番思索，有了一个大胆的想法：为什么不能把佛跳墙和十八罗汉朝观音来一个融合呢？这并不是临时起意，因为他敏锐地感觉到，在这两道菜中，前者由于食材的原因，口味略显油腻；后者则是清香有余，醇厚不够。如果结合在一起，不是正可以取长补短，取得更佳的口味和观赏性吗？

然而，他的满腔热情，在第一次找师父陈如琢商量时，却结结实实地碰了个壁。

对于弟子的创意，陈如琢一向赞赏有加。但要把这两道名菜融合，就是善于琢磨的老师傅，也不免有些犹豫："佛跳墙是传世名菜，不好随意改动，改不好还会影响了原来的口味，风险太大了！"

尽管第一次碰了壁，但经过再次细致的思考，童辉星还是决定试一试。他又三番五次找到师父，反复陈述想法和设想，自己也不断地反复试验。陈如琢终于逐渐被爱徒的勇气和韧性打动了，心里一动念，唉，这不就是当年自己的那种劲头吗？于是点点头，同意他去试试。

十八罗汉佛跳墙

这还只是过了第一关，事关闽菜大菜的重大改良，在福建的大厨江湖里，一定要找到合适的支撑，这也是闽菜厨界一种约定俗成的规矩。童辉星知道，他还得去征得福州菜主理大师的同意。

这次，他没有直接去硬碰硬，而是找到了当时在华侨大厦工作、在闽南菜系和福州菜系都颇具影响力的苏永安师傅，由他出马来做福州菜系大师的工作。经过苏永安的巧妙斡旋，福州菜系这一关也顺利地通过了。

接着，童辉星又马不停蹄赶到泉州，去做闽南菜系掌门人的工作，泉州的师傅也被他的诚意打动，表示全力支持。回来之后，童辉星夜以继日地投入菜品的改良和创新，他常常吃住在单位，反复试验调配，哪怕口味或造型有一点点偏差，宁可推倒重来，绝不马虎。

凭借自己对各类食材和各种烹调技术的丰富经验，在师父陈如琢的支持和帮助下，童辉星将闽南正宗十八罗汉朝观音的五种底料、五种毛料、五种珍料、三种蔬菜类，和传统佛跳墙做法成功地进行了堪称绝配的融合，集山珍、海味为一体十八罗汉佛跳墙终于横空出世。

1992年，那个中国人刚慢慢恢复味蕾打开的感觉的年代，在北京举办的盛大的“旅游观光年美食节”上，来自福建的一道大菜从炉火的烟气中现场起坛、上桌，那浓郁的香气不偏不倚地围绕在坛体旁边，周围的人瞬间都陶醉了。

焖制中的十八罗汉佛跳墙

这是来自闽菜两道顶级大菜佛跳墙和十八罗汉朝观音的超强组合，其所用到的食材之多样，处理之精细，味觉之繁复，让当时参加美食节的人叹为观止。此后，它成为厦门宾馆多年的招牌菜之一，大多出现在重大招待场合的餐桌上，尝过之人，对其滋味，都念念不忘。在后来的多次重大比赛和宴会中，也博得海内外美食家的一致赞誉。

味觉的记忆最为奇特，哪怕岁月经年，当你回忆起某一道菜时，味觉像香气一样，会勾起你暂时遗忘的雪泥鸿爪。时光如梭，如今，十八罗汉佛跳墙这道顶级名菜，在很多有口福的老厦门人、曾经的尊贵来宾们记忆中，也已是一道老菜了。

在厦门本地媒体一期“恋恋老手艺”专题中，特别邀请了童辉星大师和他的弟子陈智灵重现十八罗汉佛跳墙，透过报道的文字，这道传奇大菜的也完成了一次颇有穿越感的王者归来：

童辉星大师再一次认真地检查了“十八罗汉佛跳墙”所有的食材，然后对着他的弟子陈智灵点了点头。而作为“食客”，这也几乎是我们所看到食材最丰富的一道菜：鲍鱼、水发鱼翅、水发海参、母鸡、老番鸭、鸽子、鹧鸪、鹌鹑、猪脚、猪肚……

没等我们把食材一个个认清楚，酒店后厨已经忙碌起来。我们唯一能够确定的是，“肉眼可见”的这数十种食材，有不少将以“滋味”的方式，沉淀进这一坛包罗万象的香气之中。

所以，在采访之前，我们做了不少准备，把“十八罗汉佛跳墙”的食材翻来覆去地了解了好几遍。没想到的是，为了这次采访，陈智灵的准备工作比我们更细。

且不说提前精心挑选的所有食材，在食材预处理时，他就用了几种不同颜色的案板——“红色”案板用来处理鸡、鸭和肉类，“蓝案”专门用来处理海鲜，而“绿案”用来切菜…… 每一样食材入锅时，火候、调味一丝不苟，直到封坛上灶，这一系列操作，既让人眼花缭乱，却又有一种熟稔与强烈的仪式感。

也许有人会说，等最后的成品出来，这些食材好多都看不见了

呀，感觉好“奢侈”。

根据这篇报道中几乎事无巨细的还原，关于十八罗汉佛跳墙的制作步骤，童辉星大师也毫无保留地将其公之于众。不过，只看菜谱和过程，一般人还真做不来。

比如，诸如鸡、鸭、鸽、鹧鸪、鹌鹑、猪脚、猪肚、猪蹄筋、鸭肫、冬笋、冬菇、白萝卜等，根据原料性质的不同分别改刀工处理，就是专业功夫。之后，各种食材煸炒，高汤煨制，以及鲍鱼、鱼翅、海参、干贝、鱼肚、鸽蛋等分别入味，再装入小坛加入高汤，上盖加热，如此种种，连对美食早已见多识广的记者都看得眼花缭乱，目不暇接。

及至上席时，还要配上萝卜丝酥饼、荷叶包，一道大菜配上小点，又是一番趣味。迫不及待地开坛品尝，果真是一坛醇香，绕梁不绝。看过整个制作过程的人，也更知道，除了选料制作之外，火候及时间的把控，乃至煨制时封坛的技巧，都是这样一道大菜保持风味的独家秘诀。

在陈凯歌的电影《霸王别姬》中，名角儿程蝶衣的特点是“不疯魔不成活”，而陈如琢和他的弟子们的厨艺生涯，也可谓“不琢磨不成活”。所有的独家秘诀，其实正是经由陈如琢这一代大厨对于闽菜的沉心琢磨和传承，以如琢如磨的精神作最极致的追求，方才成就对滋味微妙而精细的把握。或许，不管是炒面线，还是十八罗汉佛跳墙，都成就了一部关于舌尖和岁月的连续剧吧。

品尝完十八罗汉佛跳墙，那位记者也诗兴大发，写下了一篇《记者手记》：

中国古代文人在饮食方面有很多趣闻轶事。最有名的“吃货”之一苏东坡，就曾经总结过他心中的“十六雅事”，其中一项是“开瓮勿逢陶谢”，意思是，如果你开一坛非常好的酒，千万别遇上像陶渊明、谢灵运这样的极品酒徒，否则不等你好好喝上几口，这些学富五车酒量惊人的高人，就能把好酒一扫而光，还顺带把你侃醉了。

哈，如果苏东坡能穿越到现代，那真得请他来品一品这“十八罗汉佛跳墙”，便是邀上陶、谢也无妨，相信这“开瓮”之时，他们必定会诗兴大发，再留下几篇千古名作，也算是一醉方休了。

不信，你好好品尝一下，这凝聚着历史与传承、匠心与诚意的大菜，你可以吃出“大江东去，浪淘尽千古人物”的豪放，那是山珍与海味的醇厚；也可以喝到“归去，也无风雨也无晴”的婉约，那该是食味融合至恰到好处的余韵悠长吧。

品到此处，也许我们才能真正明白，我们为什么会如此爱上一道菜。

福州古称“榕城”，作为市树的榕树大而雄壮，
而市花茉莉却是小而婉约，
两者真是有如男女之别，
共同勾勒出闽都福州文化风情的迷人基调。
中国民歌《茉莉花》的歌词中唱道：
“让我来将你摘下，送给别人家。”
这句歌词如果放在福州，
那么福州人将他们的“市花”茉莉花摘下，
可不是随便送人，而是一定要让它入茶，
再送出一种妙不可言的回甘。
福州人因了对茉莉花的钟爱，
也很早就将茉莉花以各种形式入馔，
为闽菜增添了另一种特别的“花样年华”。

中国春天的味道
——闽江两岸茉莉香

所谓“饮食男女”，正如有男必有女，有食也必然有饮。闽地美食不胜枚举，与之相对应的“饮”自然也丰富多元，当然，在盛产茶的福建，喝茶总归是最主要的“饮”事，而在闽都福州，有一种

花更以其“神仙之姿”进入茶中，成就一段余香袅袅的天作之合。

福州茉莉花茶，花事与茶事交融，在中国花茶界确是佳话一桩，也是福州人的舌尖骄傲之一。

对于吃有独特情感的冰心，便对家乡的茉莉花茶极度推崇，她曾在《茶的故乡和我故乡的茉莉花茶》一文中写道：“中国是世界上最早发现茶利用茶的国家，是茶的故乡。我的故乡福建既是茶乡，又是茉莉花茶的故乡……而我们的家传却是喜欢饮茉莉花茶。”

直到她年届89岁高龄，还在《我家的茶事》中念念不忘：“茉莉花茶不但具有茶特有的清香，还带有馥郁的茉莉花香。”

花与茶的福州情缘

“好一朵美丽的茉莉花，好一朵美丽的茉莉花，芬芳美丽满枝丫，又香又白人人夸。”这首在中国家喻户晓的《茉莉花》，成为中国向世界输出关于花与茶文化的美丽符号。而这个渊源还应该归功于意大利作曲家普契尼，他在为歌剧《图兰朵》寻找音乐素材时，发现了中国民歌《茉莉花》，将其改编并运用其中。

2004年雅典奥运会闭幕式的“北京八分钟”中，曾经执导中国版《图兰朵》的张艺谋，也顺理成章地选择《茉莉花》作为压轴歌曲登场，在中国女孩儿清亮的歌声中，把中国文化的清香带给了全世界的人们，它的旋律也一直延续到2008年北京奥运会的开幕式。

这首歌的歌词中还有一句："让我来将你摘下，送给别人家。"说起来，《茉莉花》是江苏民歌，不过，这句歌词如果放在福州，那么福州人将他们的"市花"茉莉花摘下，可不是随便送人，而是一定要让它入茶，再送出一种妙不可言的回甘。

茉莉花

其实，茉莉花最早也是"舶来品"。据《中国植物志》记载，其原产地为印度，西汉时就通过丝绸之路来到中国，后来又经印度佛教传播而进一步传入，在唐朝时已有"天香"之称，士大夫以其作为玉骨冰肌、淡泊名利的气节之喻。而茉莉花成为"国花"，则是在清朝晚期慈禧太后掌权期间。

福州古称"榕城"，作为市树的榕树大而雄壮，而市花茉莉却是小而婉约，两者真是有如男女之别，共同勾勒出闽都福州文化风情的迷人基调。福州茉莉花栽培的历史，几乎与福州古城历史一样悠久，早在西汉时期茉莉花传入中国时就在福州落户。宋代张邦基《闽广茉莉说》就记载："闽广多异花，悉清芬郁烈，而茉莉为众花之冠。"评价颇高。

茉莉入茶，始于宋朝兴起的以香入茶的潮流，两宋时的主要香料茶多达几十种，随着历史变迁，如今能称为花茶的已不过寥寥数种，茉莉花茶在其中的占比很高，甚至对很多善饮茶者来说，茉莉花茶就是花茶的代名词。

在福州本地话中，“茶”和“药”的发音都是“da”，似乎在这座城市，香和茶从来都密不可分。在福州的人文传说中，茉莉花茶还有一种神性，这个传说与临水夫人陈靖姑有关。陈靖姑是五代后唐福州古田人，24岁那年怀胎三月，适逢福州大旱，难及生灵，乃脱胎祈雨而亡，从此，她被神化为帮助妇女顺产、保护幼童的守护神——临水夫人。相传明朝时福州发生大规模瘟疫，临水夫人降临人间，带来一种特殊的茉莉花，并教导人们用茉莉花和绿茶制作茉莉花茶，以此祛除瘟疫、解除病痛。因为这个传说，茉莉花茶在福州人心中，也更具尊崇感。

传说终归只是传说，不过从植物学和药学原理上说，茉莉确有一定的功用。中国古代药典《本经逢原》就记载：“茉莉花，古方罕用，近世白痢药中用之，取其芳香散陈气也。”

从宋代算起，福州茉莉花茶走过了1000多年的历史。到明代，由于用茉莉花窨制绿茶技术的出现，茉莉花茶开始商品化。清朝时福州茉莉花茶制作技艺已经非常成熟，咸丰年间，茉莉花茶正式成为贡茶。

而它真正打开全世界知名度，则是在近代“五口通商”福州开

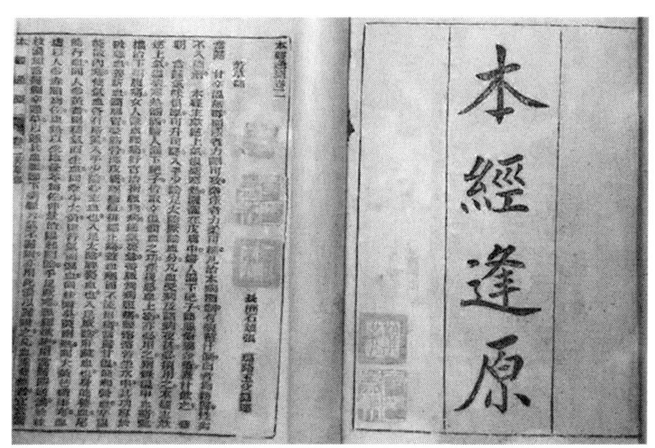
本經逢原

《本经逢原》

埠以后，从19世纪中叶到民国时期，经由福州马尾港，茉莉花茶漂洋过海，成为福州“海上丝绸之路”贸易的最大宗货物之一，在许多外国人的心中，它就是“中国春天的味道”。

作为闽越都会的福州，是中国古代“海上丝绸之路”贸易的最早端点和转运港之一，在19世纪中后期，更是超过广州和上海，成为全国最大的茶叶出口地，其出口份额占当时中国茶叶输出总量的三分之一以上，成为“世界茶港”。

台湾人也爱喝茶，福州茉莉花茶还有一段两岸融合的情缘。1873年，有台湾茶商运茶来福州窨制，九年后，他们从福州长乐引种茉莉花苗到台湾彰化，自此台湾也有了岛内窨制的茉莉花茶。民国时期，经台湾培育改良的茉莉花，又从台南经马尾，回到了福州。

说到这个“窨”字，也是福州茉莉花茶对中国乃至世界茶叶制作工艺的一大贡献。“窨”通“熏”，就是用一层茉莉花一层青绿茶重重叠叠，再充分拌匀、通氧，这样的工艺，最大限度地保留了茉莉花原有的生机，让茶吸收新鲜的花香达到饱和状态。

贡茶的时光旅程

福州茉莉花茶在清代成为贡茶，确实和慈禧太后有着很大的关系。《清宫禁二年记》记载："（慈禧太后）其头饰上，珠宝之中，仍簪鲜花。白茉莉，其最爱者。皇后与宫眷，不得簪鲜花，但出于太后殊恩而赏之则可。余等可簪珠与玉之类。太后谓鲜花仅彼可用。"

因为最爱用白茉莉作簪花，慈禧对于福州茉莉花茶也尤为钟情，据说她的喝法十分讲究，叫作“茉莉双熏”，即将事先熏制的茉莉花茶，在饮用之前再结合鲜茉莉花熏制一次，这样喝起来的口感，的确更为复合。可见慈禧虽然不擅治国，在品茶方面倒是颇有造诣。

在她的带动下，清宫内喝茉莉花茶成为时尚，当时在京津一带的上层官员和外国人，也纷纷效仿，引发了京畿之地的“福州茉莉花茶热”，遂引其为贡茶，这也是福州茉莉花茶在历史上迎来的第一个辉煌时期。

民国时期，茉莉花茶也依然为众多名人雅士所喜爱，著名作家老舍就是其中之一。写出了《茶馆》的老舍，生前有个习惯就是边饮茶边写作。老北京本就爱喝茶，晨起喝茶也是他们的传统生活方式，那个时期，花茶也是北京人喜好的品种，老舍先生自然也不例外。据友人回忆，老舍也酷爱花茶，自备有上品花茶，有贵客或稀客来访，他会特别拿出珍藏的香片来招待，这类香片，其实就是福州茉莉花茶。

1912年，孙中山来到福州向义商募集革命资金，宣扬革命理念，受到福州各界的热烈欢迎。在榕期间，他还曾到清代著名船政大臣沈葆桢的后人沈秉焯家中吃茶。不消说，当天沈秉焯备下的茶就是茉莉花茶，孙中山坐定之后，未及多叙，闻香而品之，连声称："好茶！好茶！"

新中国成立后，外交部茉莉花茶的礼茶均为福州所生产。1972年，毛泽东主席在书房会见美国总统尼克松时，喝的就是福州茉莉花茶。改革开放前，中国出口的茉莉花茶也全部为福州生产，中国春天的气味因此香飘国际。

福州有一首家喻户晓的民谣："闽边江口是奴家，君若闲时来吃茶。土墙木扇青瓦屋，门前一田茉莉花。"闽江千年流淌，这一"田"茉莉花也深深浸润出这里独特的民俗，在福州的传统婚俗中素有"三茶六礼"之说，不管是订婚时的"下茶"、结婚时的"定茶”，还是新娘在结婚次日清晨一定要向长辈奉送的“谢恩茶”，用的也多是茉莉花茶。

闽江的干流流经处，土壤肥沃，透水性好，为娇艳的茉莉花提供了良好的生长环境，于是“山丘栽茶树，沿河种茉莉”，从福州独特地理条件中孕育出茉莉与茶的山与河之交融，在时代的进程中，也以清香穿透了历史，跨越了山河。

如今，在福州“三坊七巷”，人们仍然能看到展示和体验茉莉花茶文化的展馆，蓑衣、茶筛和竹篮等制茶工具组成的场景中，传统工艺得以栩栩如生地留存，让现代人找回当年的茶境，带回这座城市经历时光变迁却不曾改变的香气。

闽菜里的茉莉花

饮与食之间，声气相通。福州人因了对茉莉花的钟爱，很早就将茉莉花以各种形式入馔，也为闽菜增添了特别的“花样”。如闽菜经典菜肴茉莉虾仁，以花香融入海味，又如带着清香甜润为一桌宴席收尾的茉莉花茶冻，均属茉莉名馔。

如今，福州的悦华酒店，也特意把闽菜头牌菜肴之一的鸡汤汆海蚌改良成了茉莉花鸡汤汆海蚌，在清鲜的鸡汤里加入茉莉花茶，汤中浸润的“西施舌”海蚌，似乎由此完成了一次更芬芳动人的蜕变，更有西施之绝代风韵了。

茉莉花鸡汤氽海蚌

除了入馔，福州的许多大馆子也会花极大的心思，与茉莉之味更深度地捆绑。例如，汇聚福州闽都宴等闽菜文化主题宴席的文儒酒店，就把茉莉花与茶的元素沉浸式地铺展开来，营造出迷人的空间香气——酒店楼道里从早到晚都有茉莉花沁人心脾的香味，在前台办理入住手续时，管家都会送上清香的茉莉花茶。如果你在文儒的闽菜馆品尝闽都宴，在各色闽菜佳肴轮番上阵之后，依然会有一杯茉莉花清茶奉上，正是大餐之后的“小家碧玉”，让人眼前一亮，味蕾如新。

福州人对于茉莉的创意开发还不止于此。民国时期福州著名的“电光刘”家族，在自己刘家大院的私房菜中，曾经有一道名菜，名唤“茉莉石鳞腿”。

石鳞者，石蛙也，性偏凉，福建人认为其有滋阴、除肺火、增强免疫力之效，常用来煮汤。作为食材，石鳞并不算常见，甚至可称上等食材，其肉质鲜美柔嫩，富含钙铁磷锌等矿物质元素，还有丰富的蛋白质以及各类维生素。有条件的人家，会让小孩多食用石鳞，说是骨骼会更健壮。

单看这道菜的名字，会觉得是以茉莉花或花茶做石鳞汤，这滋味想必别具一格。其实不然，这道菜里，有一个颇有可爱的小故事。

话说当年，刘家有位大小姐身体虚弱，经常生病。刘家的厨子就提议主人，常用石鳞煮汤给大小姐吃。按说刘家是富贵人家，不管多少石鳞都买得起，大人便连声说，做去，做去！厨子依令而行，某天就上了一道石鳞汤。

不过一开始这道汤里可没有茉莉，福建人做石鳞汤，通常只以姜丝和盐调味，并不放太多别的辅助食材，就是为了保持石鳞的原有的清甜。只是没想到，这道汤端到大小姐面前，这位小朋友一听汤是石蛙煮的，居然哇哇大哭起来！

问了半天才知道，原来，大小姐最喜欢的一种动物，便是青蛙。她住在大院里面，因为身子弱，大人轻易也不让她出门，无聊的时候就在庭院的假山附近玩，于是和这里的小动物们处成了好朋友，特别是晚饭之后，青蛙们出动捕捉昆虫，煞是好看。

其实石鳞和青蛙虽然都是蛙属，但并不是同一种动物。可小朋友哪管这些，一听说要吃自己的朋友，大小姐怎能乐意？

左劝右劝无果，厨子突然想到了一个好主意。第二天，他又给大小姐上了一道汤，只见几朵生动立体的茉莉花在汤中浮潜，特别好看。大小姐开心坏了，端起来连吃带喝，放下碗说："啊呀，原来茉莉花做成的汤这么好喝呀！"

大人和厨子不禁掩嘴偷笑。其实，这是厨子用饮食雕花工艺，把石鳞的后腿雕刻成茉莉花形状，再下锅煮成汤。虽说小孩子好骗，但能把石鳞腿雕成栩栩如生的茉莉花，骗过这"青蛙的好朋友"的眼睛和味觉，可见刘家的厨子，也算得上真的有上乘功夫了!

如今，茉莉石鳞腿已经只存在于故事之中，算作关于茉莉往事的一种衍生品。但对于福州的大厨们来说，伴随城市上千年的茉莉花香，总能在今日与未来的佳肴美馔里，以更多的可能性，与人们相逢。

这是一个缔造了近代福州乃至中国工商业传奇的庞大家族，
他们让民国时期的福州人，
提前感受到了电气时代的来临。
随着一盏盏电灯在榕城的夜空中亮起，
这个显赫家族的饮食文化也有着自己的舌尖传奇：
一碗好吃的卤面里，都有着当时人们想象不到的“科技含量”；
一席团圆家宴中，也有人们不曾知道的润物细无声的家风传承。

“电光刘”家族：团圆家宴中的商业传奇往事

2019 年的夏天，中央广播电视总台《家乡至味》栏目组来到福州拍摄，这一次，他们镜头对准的是福州曾经的一个显赫家族的私房菜——那个用茉莉石鳞腿给自家小姑娘留下纯真童年滋味的“电光刘”家族，当年刘家大院里的家宴菜肴，在镜头中，经由聚春园佛跳墙第八代传承人杨伟华的妙手，复原如初，人情如昨。

“电光刘”，单听这个名字，甚至有点现代的“赛博朋克”和声光电之感。那么，刘家的家宴，想来也是很不寻常了。

刘家大院内的团圆宴蜡像

冰柜里的刘家卤面

在今天福州的刘家大院内，人们能看到一个由蜡像和仿真菜肴形成的场景，刘家人正围坐吃“团圆宴”，有人正给长辈恭敬斟酒，丫鬟侍立一旁，而媳妇儿正在哄着娃娃吃饭…… 真的很有家的味道。

走近餐桌一看，果然有“闽菜状元”佛跳墙等大菜的菜模。不过，你不要觉得，这样一个大家族，每天桌上都是山珍和海味。刘家的家宴中，其实有许多最寻常不过的家常菜肴，更有滋有味。

单说主食。据传每年大年三十刘家吃团圆饭时，第一道上来的就是一碗入口略带青涩苦味的芥菜粥，而这正是人们常说的忆苦思甜之用意。这个在外人看来应该是极尽奢华的大家族，用这碗芥菜粥来教育子孙后代，励志创业与勤俭持家并不违和，只有懂得吃苦，才能享受繁华。此外，闽语中“芥菜”与“该去”谐音，过年吃这碗粥，也是生意场上的人对于“债去”的一种很通俗的祈愿。

在刘家日常的招待宴席中，客人们最喜爱的也并不全是硬菜，反而是一道刘家卤面更受追捧。

距刘家大院百步之远有一个光禄吟台，其实就是一块大石头，刘家好客，当年福州的文人骚客尤喜会聚于此，绕石吟诗作赋之后，肚子难免咕咕叫，这时候，主人就会请这些口吐华章的人们移步大院之内，这个时候，卤面就要出场了。

刘家其实有一个庞大的厨师团队，厨房也极尽宽敞，有200多平方米，五个灶一字排开，做面的时候，厨师们在灶前宛如卤面艺术家，动作一气呵成，颇为壮观。在此之前，他们先把面条煮熟捞出，放进冰柜。等到客人来了，把面从冰柜取出，入锅汆热，摆放在碗中，再泼上特制的卤汁，瞬间鲜香扑鼻，端到客人面前时，面条的口感尺度刚刚好。

在当时福州的大家族中，“电光刘”并不只是一个生意家族，而是文风鼎盛。1841年，家族中的刘齐衔和哥哥刘齐衢便同榜考中进士，号称“一胞双进士”，轰动闽都，传为美谈。贺喜之日大摆宴席，刘家厨子也是备足好酒好菜招待各路亲朋好友，而刘家卤面也欣然上桌，让各路达官显贵和文人雅士们吃得汗出而过瘾也。

刘家的卤面好吃，跟第一步煮熟后放入冰柜有很大的关系，它最大限度地将面条的筋道口感锁住，单这一点，大部分人家就没有这个条件。那个年代自然没有电冰箱这种东西，能够有冰柜的家庭屈指可数，但谁叫当年福州的冰厂正是刘家的产业之一呢，这正是近水楼台先得"冰"了。

每天，冷冻厂都会一大早运几大块冰过来，敲成块状放在柜子中，便成为一个冰柜了，除了面之外，海鲜和肉等食材也可以放进这个冰柜保鲜或冷藏。冰柜的外壳其实是木头做的，约有 1.5 米高，冰柜里面分三层，最上层是个铁皮的抽屉，里面放上敲碎的冰块，再拌上粗盐，这样冰就更不容易融化。

在冰柜的构造里，有一根小管可连接到中间层，这样，融化的冰水就会沿着小管流到下层，继续利用，这一层就用来放需要冷藏的食品。最底层则有个盆子，盆子边上有水洞，水会不断流走。总体来说，巧妙的构造给冰柜内的冷气留了条缝，冷气会向下走，热气则向上飘，冰冻保鲜，其效果恐怕不比现在的电冰箱差。不过，别看其构造并不复杂，据说其中许多配件用的都是国外的进口货。

手握"电"和"冰"这些当时的稀缺资源，"电光刘"家族在福州的地位不言而喻。不过，直到今天，我们依然能够从留下来的史料中看到，这个钟鸣鼎食之家，除了有别人艳羡的各种科技装备之外，在家族饮食文化上，却毫无奢靡之风，颇能代表家族文化涵养的传承。

据传，刘家的餐桌礼仪非常细致：家族子弟饭前要洗手，衣冠整齐方可入座；用餐时尽量不大声说话；尊长者未入座不能动筷；夹菜不许用筷子去搅；菜的位置远，不许站起越位，可以请离菜近的人帮忙夹菜；夹入碗中的饭菜要吃完，不能剩下；用餐时筷子不能直插碗上；用餐结束饭汤匙放碗中，筷子放碗上，与大人讲一声“吃好了”方可离桌……

如此家风，完全是一派中国儒家礼仪，其所教育出来的子弟，更不是如今人们想象的“霸总”做派。相反，“电光刘”家族在漫长的历史长河里，人才辈出，堪称近代福州经济、政治、文化史的一个缩影。

一盏盏电灯在榕城夜空中亮起

关于“电光刘”家族，在董山静的《烟火刘家》一文中，有这样一段充满诗情和画意的描述：

当年那一盏盏明晃晃的电灯，照亮了三坊七巷的街巷和院落，也照亮了福州城。历史清晰地记录着刘家大院的曾经。“电光刘”也成为福州一张不曾褪色的城市名片，岁月静好中，述说着美丽而

穿过历史风云的刘家大院

又略带伤感的往事。刘家客厅前假山的小池、池里悠游的锦鲤、客厅两旁透着灵秀的窗棂，还有那曲线优美的风火墙，仍旧神闲气定。当年郁达夫就曾在刘家大院的锦屏轩，品味过这里的诗情画意，且留下难忘的记忆。

民国时期来过刘家大院的郁达夫，在他的《饮食男女在福州》一书中，说起北平赫赫有名的闽菜大馆忠信堂的主人，正是旧日刘崧生家的厨子。他和北平的文人们历数闽菜私厨的手艺，刘崧生先生家和林宗孟先生家的厨子，并列排在第一。

刘崧生，即刘崇佑，正是当年“一胞双进士”的刘齐衔的孙辈；林宗孟，便是林徽因的父亲林长民。说起来，刘家当年的朋友圈和亲友群是相当豪华的，现在刘家大院的牌匾，有林则徐亲手题写的“踙均尻”三个字（也译为“踙韵居”，意为“弘扬韵学的居所”），林则徐的长女林尘谭，正是许配给了刘家公子刘齐衔。

按家族序列，刘齐衔属于从河北大名府迁居福州的刘氏家族第十五代，他中了进士之后，一路官升至河南布政使，并一度署巡抚，为一方大员，最后卒于河南任上，可谓鞠躬尽瘁。刘齐衔生活俭朴，但极具理财思维，攒下了相当可观的家业，如今位于福州光禄坊的刘家大院就是两位同胞进士联手购置的，是三坊七巷最大的单姓宅第，占了光禄坊半条街，因此得名“刘半街”。

刘齐衔的七个儿子中，二儿子刘学恂一直随父掌理家产，也因此成为刘家创办近代工业发家的一脉。他头脑灵活，善于接受新鲜事物，又特别有冒险精神，曾经开办过糖厂和纸业，对他的儿子们将来把家产转化为工业资本，也早有谋划。

刘崇佑是刘学恂的大儿子，光绪年间曾留学日本早稻田大学，习法政科，民国初期还担任过众议院议员。他与林长民素来交好，曾经献出在福州道山路白水井的家祠，与林长民一起创办了福州最早的一所私立法政专门学校。当然，他对于福州城更大的贡献，就是与自己的四个弟弟，率先开启了福建近代的电气时代。

1910年，刘崇佑与刘崇伟、刘崇杰、刘崇伦、刘崇侃五人倡议创办福建电气公司，为福州城引入电力。这五位兄弟中，崇佑、崇杰、崇伦和崇侃都有过日本留学经历，对于外面的世界了解真切。崇伦在日本东京高等工业学校学习的就是电气技术，只有老二崇伟一直在家帮助父亲刘学恂料理家务、管理家产。

见过大世面的刘家兄弟，其实早在出国学习前，就带着老一辈人特别是父亲的托付：毕业之后必须回国，要把外面先进的技术带回来，应用到自己的家乡。所以，比起彼时福州的大户多数投资钱庄、当铺、布业、米行等传统产业，刘家兄弟以更具划时代意义的眼光，将福州城带入了近代工业时代，而电气就是最佳切入点。

可以说，刘家世代积累的资金、人脉和家族在历史关键点所共同作出的布局，共同形成了“电光刘”横空出世的重要因素。彼时，刘氏兄弟一呼百应，包括林长民等福州名流，也纷纷集资加入。第二年，公司就开始向市民供电，一盏盏电灯有如长明灯般在榕城的夜色中次第亮起，如果当时有如今的城市亮度分布图，福州城也可争取一下中国最亮的“仔”这一称号。

后来，福州城里流传着这样一句话：“解放前，福州有三座最高的建筑，一座是乌塔，一座是白塔，另一座就是刘家发电厂的烟囱。”几乎同一时期，厦门的黄庆元、陈祖琛、叶鸿翔等爱国绅商也发起集资，筹建厦门电灯电力公司（发电厂），只是相比福州“电光刘”的雄厚财力和资源圈，厦门的民族电力工业起步并不理想，电厂建成后，电机老旧、电压不足，当时的厦门人看着光线晦暗还频闪严重的电灯，并没有第一时间感受到新科技带来的幸福感。后来，号称“印尼糖王”的黄奕住，认购了电灯电力公司的大量股份，到20世纪20年代，在侨资助力下，厦门的初代电气工业才逐渐步入正轨。

福州“电光刘”的传奇则远不止于电灯，新兴的电话行业成为其下一个目标。20世纪五六十年代中国人梦想的“楼上楼下，电灯电话”新生活，其实早在数十年前，在福州已经有了。1912年，刘家兄弟接手前清官办的电话局，将其改组为福建电话股份有限公司并扩大经营。

“电光刘”的工商业蓝图，就此紧锣密鼓地围绕主业而展开——1914年，电气公司附属修理厂设立，为维修电气公司及其用户的设备提供配件支持；1918年，创办梨山煤矿公司，目的在于从产业链“上游”降低电气公司发电所需的燃料成本；在“下游”，他们则给电力制造更多的用武之地，从1917年起陆续成立了锯木厂、玻璃厂、精米厂、炼糖厂等企业。

十年左右的时间里，“电光刘”建立起了一条完整的产业链，

福建电话股份有限公司旧址位于三坊七巷宫巷内

在中国近代电力工业史上举足轻重。1919年，民国交通部为电气公司颁发电气事业执照，这是近代福建电力民族工业的第一份营业执照。

当然，他们也因此得到了丰厚的回报：1912年3月结算时，电气公司全年获得纯利为9977.91元；到1917年3月，全年纯利已增至152787.21元，接近五年前的15倍。鼎盛时期的刘氏家族，拥有20多家企业，几乎掌控了福州民族工商业的命脉，称其为“福州首富”并不为过。

传奇落幕 岁月留味

在刘家庞大的商业版图中，与福州人“舌尖”相关的还有冰厂和油厂。冰厂创办于1919年，当时除了推销电力的意图之外，也有垄断冷冻工业之意，顺便也给自家的冰柜提供了日常冰源。冰厂始创的时候，购置了日产7吨冰片的机器两部，主要制造食冰和渔冰。

同年创办的福州油厂，也与推销电力有关，当然其所制造的豆油、花生油以及豆饼、花生饼，都是相当有利可图的农业肥料。"电光刘"还通过设立兼营航运和商业的刘正记、公大商行等，进一步加强货物的流通，最兴旺的时候，黄豆豆饼的售量占福州市场的70%—80%，花生油售量也占80%以上。

不过，在那个跌宕的年代，再强大的民族资本，依然与外部的政治经济环境休戚相关。庞大的"电光刘"家族，从20世纪30年代后期起，由鼎盛走向衰落，也开始在时局的动荡之中风雨飘摇。

企业成立之初，刘齐衔这一辈的诸多故交，在福建的官场举足轻重，而五兄弟中的崇佑、崇杰都从政，政治的庇护也是企业高速发展的重要推手。然而，福祸相倚，随着后来政治派系的换血，"电光刘"渐渐失去了靠山。1927年，分水岭开始显现，其重要表征之一，就是欠费日增，行业术语称之为"窃电"。

当时电气公司营业状况的资料显示，仅1930年4月至1931年3月一年间，电气公司被窃电的度数就占总发电数的将近一半，其中国民政府的军警机关就占了七成，连官方都明目张胆欠费不交，企业又能如之奈何？

雪上加霜的事情接踵而来，随着资本主义世界经济危机爆发、九一八事变和抗日战争全面爆发，中国容不下一张安静的书桌，似乎也容不下一束安静的电光。抗战期间，日本飞机在福州上空多次投下炸弹，“电光刘”公司和厂房也惨遭轰炸，不得不先陆续关停一些外围企业，其中就包括本来获利颇丰的油厂。

尽管抗战的曙光开始显现，但冰厂已在黎明到来之前举步维艰。1944年，冰厂营业颓势尽显，缩小营业，只能制造小块冰片和冰激凌，最后干脆改称为“瀛州冰淇淋制造所”。

抗战胜利后，情况并没有好转，在官僚资本的排挤下，刘家终于不得不将电气公司的管理权交给所谓的“资源委员会”，这个委员会实际上就是国民党为了掠夺工业资本而设立的机构，电气公司则更名为“福州电厂”。主业凋零，“电光刘”的传奇终至落幕。

造化弄人，缔造这一代商业传奇的五兄弟，命运终局也迥异。大哥崇佑1941年病逝于上海；担任电气公司和电话公司“一把手”的二哥崇伟，1958年病终福州，算是与榕城相守了一生；老三崇杰除了是“电光刘”股东之外，亦纵横外交界多年，先后任日本横滨领事、驻西班牙公使、外交部常务次长、驻德公使等职，1956年也在上海病逝；作为家族企业实际负责人的电气专家、刘家老五崇伦于1937年冬被特务绑架杀害；而老六崇侃也在1944年病逝于上海。

如今，当年的刘家大院依然静静地守在三坊七巷，人们在这里来来往往、进进出出。在各方努力和刘家后人的坚守之下，“电光刘”家族的历史在这座大院里被尽可能完好地保留下来，徜徉其中，曾经与这个商业帝国一样精彩的刘氏家宴虽然只存在于蜡像场景，但如果你也静静伫立一会儿，或者有一阵风吹过，或许那些鲜活的岁月滋味，仍然能隐约飘过，令人百感交集。

在清同光时期，闽菜在京就颇具名声，
进京求仕的人常点叫闽菜，
据说连前门外八大胡同一带也兴叫闽菜。
尽管“南菜”的提法始于淮扬菜，
但民国时期北京的闽菜馆则从南菜的扩展版起步，
在政商人物、文化名人和各色江湖人士的推动下，
逐渐打出了独立于南式之外的闽式品牌。

华筵南菜盛当时
——闽菜的京华盛世

一锅满满当当的虾仁，在锅里七起七落，有如诸葛亮七擒孟获，惊心动魄又算计精巧，尤以最后半铲得火候之精髓——不多不少七铲半，成就最佳口感。这一盘炒虾仁上桌后，欢声一片。

这个情景，出现在民国时期“狗肉将军”张宗昌大宴三军的名场面中。时值北洋乱局，张宗昌所部打了一个大胜仗，派人到北京城里找饭庄要订酒席。但听得来人所言，京城的大小菜馆却都倒吸一口凉气！

这个大单来得相当豪横，整整要办1500桌。单子虽是大得惊人，但张宗昌部队的匪气也是远近闻名，办得好不说，万一办出差池来，脑袋掉了也未可知。于是菜馆老板们纷纷敬谢不敏，表示小号能力有限，做不出这么大的排场。

然而没几天，传闻有一家不怕死的菜馆接下了这一单，正是当时在京城刚刚崛起的闽菜馆忠信堂。如此胆量，坊间一方面对它佩服有加，另一方面不免暗暗替它捏了一把汗。

跳出南菜 打出闽式江湖

只见办桌之日，忠信堂的厨师们一字排开，煎、炒、烹、炸、熘、汆、烩、炖、蒸，大展绝活，山珍海错逐次上桌，大兵们吃得酒足饭饱，欢声一片。忠信堂自此一战成名，声誉渐隆。

敢于接这样一个“烫手山芋”，忠信堂也为闽菜馆做了一个荡气回肠的“大型实景广告”，或者说，不只是闽菜，而是当时人们惯称的“南菜”。民国时期北京的好多饭馆，确实都喜欢用南式、南菜来吸引客人。魏元旷《都门怀旧记》就说：“旧酒馆皆山东人，后则闽、粤、淮、汴皆有之，美味尽东南矣。”

尽管“南菜”的提法始于淮扬菜，但北京的闽菜馆则从南菜的扩展版起步，逐渐打出了独立于南式的闽式品牌。

《北洋画报》1928年第195期里李三爷《西长安街之闽菜馆》一

文载：

西长安街自去岁以来，饭馆酒楼，如雨过芽见，怒放不已。据说最近调查所得，计有十春一堂一轩一饭店之多……据深知内幕者云，现在诸饭馆中，最够生意经者，当推忠信堂，彰林春、庆林春次之，三者俱为闽馆。岂都人士女都好南风，抑闽菜果有动人之处耶。是则不可解矣。

文中提到的京城“最够生意经”饭馆排行榜前三的闽菜馆，忠信堂第一，彰林春和庆林春次之。还有一个说法，庆林春和大陆春、新陆春同为四川馆，大陆春的红烧羊肚、新陆春的南腿鱼唇、庆林春的烧四宝等都曾名噪一时。依此推测，庆林春的业态中间曾有过变化，兼有川闽菜，在一定意义上借助闽菜之声势，从而在一众纯川菜馆中脱颖而出。

闽菜的“北漂史”有文字记载的，应该追溯到晚清。据时任邮传尚书兼参政务大臣陈璧的后人回忆，在清同光时期，闽菜在京就颇具名声，进京求仕的人常点叫闽菜，据说连前门外八大胡同一带也兴叫闽菜。

民国时期北京的饭馆业有了一定的发展，1918年中华图书馆出版的《北京指南》、1922年文明书局出版的《北京便览》、1925年商务印书馆编译所编纂的《实用北京指南》等书提到，当时的闽菜馆有小有天（劝业场）、京华春（煤市街）、清泉居（崇文门内大街）、中有天（虎坊桥）、南轩（城南游艺园）等。

1923年《北京便览·饮食类》和2008年版《北京志》有更详细的统计——当时北京有名的中餐饭馆共有170家左右，其中南方饭馆有38家。南方风味饭馆在北平饮食市场声势逐渐壮大，形成了北方菜和南方菜两个大派，其中南方菜馆包括江苏馆、四川馆、广东馆、福建馆、云南馆等。

闽菜馆的生意经中，对于地段尤为重视。小有天和京华春所在的劝业场、煤市街，都位于大栅栏，大栅栏位于老北京中心地段，明清时期就以繁华的商业区而闻名。“头顶马聚元，脚踩内联升，身穿瑞蚨祥，腰缠四大恒”，一些老北京著名的老字号均开设于此，六必居酱园、著名国药店同仁堂、马聚元帽店、八大祥之瑞蚨祥绸缎皮货庄等，不一而足。

好地段自然聚人气。1921年的双十节前五天，中有天在北京《益世报》刊登了一则开业预告：“本馆现聘闽省名厨，专做闽席，兼精南北名菜，包办筵席……现择于新历十月十日即旧历九月初十日开张。虎坊桥大街路北。”

中有天所在的虎坊桥、南轩所在的城南游艺园也是当时老北京的重要地标。“家住在虎坊桥，这是一条多姿多彩的大街……黄昏

萬壽堂 崇文門外南五老胡同 南分二
三九一
會賢堂 什刹海 西三七〇
福壽堂 金魚胡同 東三二二
緝壽堂 打磨廠 南分二八五九
聚壽堂 錢糧胡同 東七七一
聚賢堂 宣武門內西單牌樓報子街 西
一四一六 西一二九二
慶和堂 地安門外 東一二七二
慶福堂 手帕胡同 東三〇四〇
慶壽堂 東四牌樓四條 東二三五七
慶豐堂 汪芝蔴胡同 東二八四七
增壽堂 石雀胡同 東一三七四
燕豐堂 長巷頭條 南一五八七
燕壽堂 總布胡同 東六二五
飯館
九華樓 陝西巷 南三二八一
又一村(羊肉) 石頭胡同 南九七七
三江春(天津) 王廣福斜街 南二六八
七
大陸春 西長安街 西四〇八
兩宜軒(羊肉) 李鐵拐斜街 南四八九

七
三盛軒(河南) 東安市場
小有天 香廠游藝園 南七一九
天和玉 石頭胡同 南六九五
天津飯館(天津) 打磨廠
天盛館 鮮魚口內 南分一二五
天和館 正陽門大街 南分四三七
天[illegible]春 燕家胡同 南二九[illegible]九
天瑞居 [illegible] 南分二二七七
天興樓 煤市街北頭 南二〇八
永樂 中央公園 南一八八七
元興堂(清眞) 王廣福斜街 南一三一
九
元亨居 王廣福斜街 南一九二七
六合坊 鮮魚口 南分二一八七
六味齋(素菜) 香廠 南一七七九
五合樓 花市
永盛館 糧食店中間 南一一〇三
四如春 西四牌市大街 西二三六三
四如春 西長安街西口 西一八一七
正陽樓 肉市中間路東 南九五五
玉兩春 東四南大街
玉樓春(閩菜) 廊房頭條勸業場 南八

一一
同和居 西四牌樓路西
同和館 煤市口外大街
同順居(天津) 大李紗[illegible]
同華樓 朝陽門南小街
同新樓(天津) 大李紗[illegible]
同福居 大李紗帽胡同
同聚成 煤市街 南四
合昇館 糧食店中間
西城樓(羊肉) 糧食店
西盛館 糧食店北頭
西順興(羊肉) 西皮市[illegible]
[illegible]胡同 南一五七[illegible]
全聚樓 大李紗帽胡同
全興館 糧食店北頭
杏花春(閩菜) 韓家潭
〇九七
延年居 糧食店 南一[illegible]
松鶴闆(廣陵) 李鐵拐[illegible]
五
東天成 地安門外路西
東來順(清眞) 東安市場
二一九一

小有天设于香厂游艺园

的虎坊桥大街很热闹，来来往往的，眼前都是人。”林海音的《城南旧事》正是从虎坊桥展开老北京的人情世事。在书中，幼时的英子还经常被老妈子带去城南游艺园，听文明戏和大鼓书。此外，京城西长安街、崇文门内大街甚至八大胡同在当时也都有闽菜馆。

据文史学者周松芳先生考证，20世纪20年代及以前，北京的闽菜馆计有小有天、醒春居、沁芳楼、忠信堂，春记、三山馆、南轩、中有天、彰林春、庆林春等10家，加上分店，则有十几家，其

新張
中有天閩菜館廣告
本館現聘閩省名厨専做閩席兼精南北名菜包辦筵席承[illegible][illegible]鴨[illegible]品名酒各樣點心一概俱全並運銷中國農牧公司出品之[illegible][illegible]米粉雞汁醬油味元素等品地點適中備饌精美價值克外克己以廣招徠現擇於新歷十月十日即舊歷九月初十日開張如蒙賜顧無任歡迎
虎坊橋大街路北
電話南局二千四百三十號 中有天閩菜館謹啓

虎坊桥大街上的中有天闽菜馆开业广告

数量声势，乃在粤菜之上。可见早期外埠菜馆中，闽菜馆先发于粤菜馆，北京如此，上海亦然。

在京城闽菜中带“春”的字号中，开在大李纱帽胡同的醒春居曾领一时风气，其菜式以神仙鸡、生蒸鸡、纸包笋、五柳鱼、锅烧鸭为最著名，开业初期，资金雄厚，生意极好。后来又在东单二条开了一分店，不过这次运气就没那么好了，分店没开多久，因内部关系营业一直不佳。再后来，劝业场火起来了，新世界落成，小有天迁过去了，醒春居则开始没落，先是大李纱帽的店歇业，后来东单二条分店也闭店了。

此外，还有一家带“春”字的春记饭店最早开在米市胡同，有一定的名气，后来搬迁至南新华街，却因为盘子铺太大支撑不了，20年代中期便停业。新世界的香厂也曾有一家三山馆，有鸡塔和数种闽菜特色风味点心小吃，但竟然因为偷电被罚款以致倒闭。

名士加持 只谓适口者珍

民国时期在北京留下为闽菜“代言”记录者众多，鲁迅自然是其中之一。虽然在厦门大学任教是他与闽菜最为直接的亲密接触，但京城的闽菜体验可算前传，之后的上海则属于后记了。

自1912年5月离开家乡绍兴，到北洋政府教育部任职，这十几年里的鲁迅参加的闽菜公宴、私宴，委实数量可观。比如，1913年至1916年，鲁迅参加了社会教育司举行的五场公宴，其中有两场就是在劝业场小有天——1913年4月27日晚，“社会教育司同人公宴冀君贡泉于劝业场小有天饭馆，会者十人”。1914年1月2日，鲁迅又和钱稻孙等同事在小有天参加公宴，“晚五时教育部社会教育司同人公宴于劝业场小有天，稻孙亦至，共十人，惟许季上、胡子方以事未至”。

私宴方面，鲁迅自己的记录则有：1915年8月7日在闽菜馆晚餐，“前代宋子佩乞吴雷川作族谱序，雷川又以托白振文，文成，酬二十元，并不受，约以宴饮尽之，晚乃会于中央公园，就闽菜馆夕餐，又约季市、稻孙、维忱，共六人”；1915年10月1日，“虞叔昭招饮于京华春，共九人，皆同事”……

劝业场算是清末民初京城首幢购物中心，建于清光绪三十二年（1906），与王府井的东安市场、菜市口的首善第一楼、观音寺街的青云阁并列为“京城四大商场”，是20世纪二三十年代北京最时髦的去处。当时有竹枝词曰：“放学归来正夕阳，青年仕女各情长。殷勤默数星期日，准备消闲劝业场。”北平的小有天，有意无意地借重了同时期上海闻名遐迩的闽菜馆“小有天”的招牌，在当时京城也是佼佼者，除了劝业场，在城南游艺园（后迁往六部口）、东四七条等均设有店面。

初尝闽菜，鲁迅并不算太习惯。1912年9月27日，他在日记里提到：“晚饭于劝业场之小有天，董恂士、钱稻孙、许季黻在座。肴皆闽式，不甚适口，有所谓红糟者亦不美也。”主要原因，应该还是他不太习惯糟味。红糟是酿制福建青红酒的副产品，色艳、香浓、味醇，是闽菜的重要佐料之一，可与各种烹法相配，如炝糟、淡糟、拉糟、爆糟、香糟、醉糟、煎糟、灯糟等，从而衍生出多重口感，代表性菜肴有淡糟香螺片、爆糟排骨、灯糟鸡、灯糟羊肉、炸糟鳗鱼等。

而在鲁迅的老家，酿造绍兴黄酒后的酒糟是白糟。虽然加入了红曲后得来的红糟更有独特的芳香，适合入馔，只不过绍兴人可能吃不惯。

相比之下，国学大师吴宓对于闽菜的接受度就比较高。据文史学者周松芳考证，吴宓曾到北平时期的成府燕林春闽菜馆用餐，并称其菜“甚佳”，后面去了三次忠信堂，由于吴宓是留美生，席上人物大多属于欧美派，其中就包括最负盛名的陈寅恪先生。

俞平伯1952年作诗《未名之谣》有这样两句：“南烹江腐又潘点，川闽肴蒸兼貊炙。”他自己在《略谈杭州北京的饮食》中熟门熟路地解释道：

闽庖善治海鲜，口味淡美，名菜颇多。我因有福建亲戚，婶母亦闽人，故知之较稔。其市肆京中颇多。忆二十年代东四北大街有一闽式小馆甚精，字号失记。那时北洋政府的海军部近十二条胡同，官吏多闽人，遂设此店，予颇喜之。店铺以外还有单干的闽厨（他省有之否，未详），专应外会筵席，如我家请过的有王厨（雨亭）、林厨。

此外，20世纪二三十年代，蒋梦麟、梁漱溟、朱自清、余绍宋、刘崇佑等名人雅士，均在自己的日记或他人记录中，留下与北京闽菜关联的雪泥鸿爪。不过，要论闽菜的忠实拥趸，还要属湘人杨度，在他开设于北京《晨报》的专栏《都门饮食琐记》中，就频频着墨于闽菜馆，足可称为相当完整的京城闽菜消费攻略。

比如，他在1926年12月6日的《都门饮食琐记》之八说：

福建菜馆最初在京中开设者为劝业场楼上之小有天，菜以“炒响螺”“五柳鱼”“红糟鸡”“红糟笋”“汤四宝”“炸瓜枣”“葛粉包”“千层糕”著名，兼售肉松，亦著名。当时生意极佳，遂有大规模之闽菜馆名醒春居，在大李纱帽胡同开张，肴馔极可口，而以“神仙鸡”“生蒸鸡”“纸包笋”“五柳鱼”“锅烧鸭”最为著名。资本雄厚，生涯极好。嗣因营业发达，又在东单二条开一分号，不久因内部关系营业不振，小李纱帽胡同之醒春居先歇业，东单二条继之闭歇。劝业场被火，新世界成立，小有天即迁入。东安市场当时亦有小闽菜馆名沁芳楼，不甚佳。

两天后，在《都门饮食琐记》之九中，又作了补充：

忠信堂开张后，始又有大闽菜馆，主之者郑大水，为闽厨之最。以整闽席著名，外会及宴客者，日常数十桌，又夺东兴楼之席，用伙计至百数十名。著名菜有“鸭羹粥”“炒战血”“红糟鸭”“炉炒鱼”“清蒸鲳鱼”等为最。年来生涯稍不如前，已在天津分一分店，颇发达。春记饭庄在米市胡同，亦以闽菜名。继因营业佳，迁至南新华街，以局面大，渐不支，已闭歇久矣。香厂曾有一三山馆，纯系闽菜，有“鸡塔”及点心数种，为不普通之闽菜，嗣因偷电被罚倒闭，现迁六部口游园开一南轩，仍为闽菜。东四七条亦有小有天。

“御厨”引领闽菜京华盛事

说回忠信堂，杨度的文章中提到了它的主厨郑大水。闽菜入京，始于小有天，到忠信堂达到一个高峰，而郑大水对于闽菜“京华盛世”的引领作用，则是有口皆碑。

先看看忠信堂的排面。在京城的饭店里，能称得上“堂”者，硬件上要有宏伟排场的建筑和宽敞的场地，比如有几进套院，可容纳数量庞大的酒席，而且院子中间还要有大戏台，可以请戏班子来唱戏，如此这般，方可以“堂”字为名。所以杨度说忠信堂以整席著名，外会及宴客者，日常数十桌，又夺东兴楼之席，用伙计至百数十名，有这样的硬件软件，才敢有底气接张宗昌的单子。

忠信堂当时的拿手菜主要有清炒虾仁、红糟鸡、炒蜇血、爆炒鱼、清蒸鲳鱼、鸭羹粥等，其中大多源自主厨郑大水的独创或改良。郑大水被时人称为“闽厨之最”，还曾被溥仪聘为首席御厨，凭借高超的烹饪技艺，郑大水成为宫中膳房备膳的十几名厨师中最有名者。他运用闽菜的技艺创出白露鸡，呈至溥仪膳桌上，之后又传至北京著名清真饭店西来顺，又逐渐流传到其他馆庄，名扬京城，闽菜史上也称之为“白雪鸡”。

溥仪有位堂弟溥佳，曾作为伴读入宫，也因此得以尝到郑大水的手艺。他在回忆录中写道：

我初到养心殿时，溥仪曾叫我同他一起吃饭，宫中叫“同桌”。这也是皇帝对臣下一种了不起的“殊遇”，按规矩是要叩头谢恩的，不过溥仪嫌麻烦，以后就免了。溥仪用饭是在东暖阁，每餐的饭菜，总要摆三四张八仙桌。据说，皇帝每餐都有定制，辛亥革命后已有所削减，但菜还是有六七十种之多。这些都是御膳房做的，另外还有四位太妃送来的二十几种精致的家常菜。米饭有三四种，小菜有十几种，粥有五六种。在宫内流传着这样一句话：“吃一看二眼观三”，大概就是形容饭菜多的意思。

尽管摆了这么多饭菜，但溥仪大概对这样奢华的御膳已经吃腻了，又经过朱益藩的介绍，把郑大水叫到宫中给他做菜。据溥佳的回忆，郑氏出品，颇得溥仪的欢心。

曾为溥仪御前侍卫的周金奎，在《我当溥仪的御前外随侍时的回忆》时也提到了郑大水：

御膳房大师傅很多，最有名的有两位，一位叫郑大水，一位叫宋登科，工资都在一百元以上。这两位师傅每顿饭只做几样菜，他们所做的菜，都要有他们签名的银牌标记。溥仪每餐只吃摆在他面

20世纪70年代的白雪鸡

前的几样菜，不到百分之几，下余百分之九十几，都赏给了他下边的太监与我们这些人。

有“御厨”的名声和手艺背书，忠信堂旗下的厨师和菜色自然极受追捧。梁实秋在《雅舍谈吃》里，就把忠信堂的菜色写得活灵活现：

炝活虾，我无福享受。我只能吃油爆虾、盐焗虾、白灼虾。若是嫌剥壳麻烦，就只好吃炒虾仁、烩虾仁了。说起炒虾仁，做得最好的是福建馆子，记得北平西长安街的忠信堂是北平唯一的有规模的闽菜馆，做出来的清炒虾仁不加任何配料，满满一盘虾仁，鲜明透亮，而且软中带脆。闽人善治海鲜当推独步……这一炒一烩，全是靠使油及火候，灶上的手艺一点也含糊不得。

南京在吃闽菜方面也不甘落后。1936年12月20日《中央日报》“中央食堂添设闽菜闽点”一文亦载：

福建烹饪，素甚考究，故平沪福建菜馆甚多，惟本京自奠都以来，尚付缺如，兹悉中央食堂有鉴于及此，特由北平聘请忠信堂某名厨来京，添设闽菜闽点，以供一般人士之需求。闻不日即行供应，当为首都人士所欣赏也。

华灯初上，伴着清鲜的各色闽菜，
席间轮唱昆曲，至钟鸣十点，始尽欢而散。
百年前，上海闽菜馆里的曲子反反复复地吟唱，
茶壶里的铁观音热了又凉，
凉了又热，仿佛在诉说着鲁迅、
谭延闿、郁达夫、梅兰芳、
李梅庵们所亲历的那个沪上闽菜馆的花样年华。

却成迁客播芳馨
——闽菜的“沪漂”往事

“记得中有天是闽菜馆，有整只的烤小猪，越到后来越是大碗大盘的，大家吃了个饱。”这段简短但又一下子让人食指大动的文字，来自1928年初民国文人许钦文的记录。和他一起在这家上海的闽菜馆同吃烤小猪的，可以称得上是一个“豪华吃货团”——鲁迅夫妇、林语堂夫妇、郁达夫夫妇和鲁迅的弟弟周建人，众人同席大啖小猪，不亦乐乎。

中有天是当时沪上最知名的闽菜馆之一，也是鲁迅在上海去过

次数最多的闽菜馆，和绍兴酒店言茂源、知味观杭州菜、河南菜馆梁园、东亚食堂一起，位列他常去的菜馆榜单前五。仅从其到上海至1930年底，三年左右时间，在《鲁迅日记》里中有天就出现了近20次，其中有三分之二以上是鲁迅做东请客。

鲁迅与闽菜的食缘自不消说，在京城初遇，于厦门大学任教期间大爆发，从不甚喜闽味，到发现闽菜味觉密码，自1927年10月初到上海，直至1936年10月去世，这近十年间，上海的闽菜馆终于成了他的心头好。

正如他的一首《无题》中所言，“却成迁客播芳馨”，日记里的随笔一录，无意中成了闽菜文化在时间印记里的一种特别的味道凝聚。

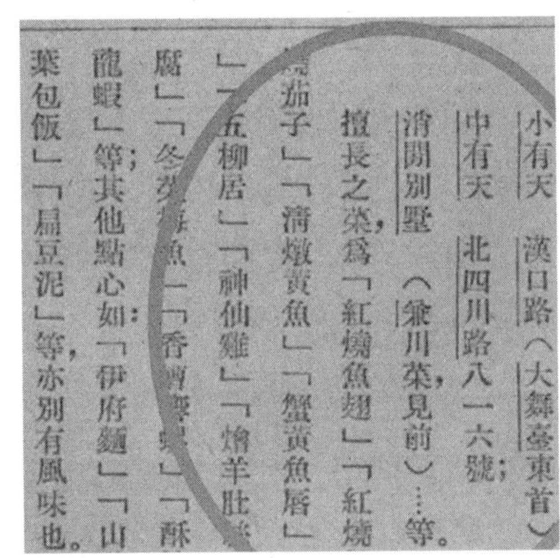
小有天　漢口路（大舞臺東首）
中有天　北四川路八一六號；
消閒別墅　（兼川菜，見前）……等。
擅長之菜，爲「紅燒魚翅」「紅燒
燒茄子」「清燉黃魚」「蟹黃魚唇」
」「五柳居」「神仙雞」「燴羊肚
腐」「冬菇鯿魚」「香糟蝦」「酥
龍蝦」等；其他點心如：「伊府麵」「山
藥包飯」「扁豆泥」等，亦別有風味也。

20世纪30年代初记载的中有天闽菜馆

贵有贵的“排面”

除了中有天，鲁迅在上海去过的闽菜馆还有古益轩和兼营闽菜、川菜的消闲别墅、都益处等。当时，肴馔有特色、服务又周到的闽菜馆，对于沪上人士来说是个不错的选择，因此亦有时人点评道：“闽菜之味，亦颇为一般人所喜食。”

在那时沪上流行的各大菜系中，闽菜价格算是较高的。1922年商务印书馆所编印的《上海指南》就提道：“新鲜海味，福建馆广东馆宁波馆为多，菜价以四川馆福建馆为最昂，京馆徽馆为最廉。”但在大上海请客，通常讲究的就是一个排面，以新鲜海味见长的闽菜馆，也有贵的资本和面子。于是，闽菜馆在上海与北平菜馆、镇江菜馆并驾齐驱，生生在北方口味和江南风味中，打出一片天地来，又凭借海味的优势，取得了更高的定价权。

据《闽菜史谈》作者刘立身考证，当时的上海地方志评说：“闽菜又名闽帮菜。历史名店有小有天闽菜馆、庆乐园、林依朋厨房。闽菜以烹制山珍海味著称，在色、香、味、形兼顾的基础上，尤以香味见长。其清鲜、和醇、荤香、不腻的风味特色，在酒菜业中独树一帜。”

1934年《上海市指南》亦载：“闽菜即福建菜。在上海各菜馆中一向颇负盛誉，惟嫌略少变化，然犹足。著名的有小有天在汉口路大舞台东首，中有天在北四川路816号。擅长之菜为：红烧鱼翅、红烧鳖裙、烧茄子、清炖黄鱼、蟹黄鱼唇、蟹黄白菜、五柳居、神仙鸡、烩羊肚丝、荷花豆腐、冬菜梅鱼、香糟响螺、酥鲫鱼、拌龙虾等。其他点心如伊府面、山药糕、荷叶包饭、扁豆泥等，亦别有风味也。”

另据台湾娄子匡主编的《民俗丛书——四十年前上海风土集记》里描述：“清末民初，上海的餐馆有京苏川闽徽粤菜馆之别，京苏菜馆、徽菜馆、粤菜馆最多，以京苏粤川闽诸种菜位上馔。京苏川闽的菜以质胜。”同时亦记载了部分闽菜佳品，如拌龙虾、香糟响螺、酥鲫鱼、拼春笋、拼鳝鱼、炸黄鱼枣、清蚌肉、烧蛏羹等。

由菜名即可见当时上海的闽菜馆在食材用料上已极为考究，不仅有龙虾、鱼翅、鳖裙、鱼唇、香螺、海蚌、螃蟹等高端海鲜，还有春笋、山药、扁豆等山珍菜蔬，更运用红烧、清炖、烩、酥、炸、糟等闽菜传统技法，兼容并蓄江浙沪之食材，在以海鲜见长的特色中，又不动声色地融合了当时上海三教九流的口味。

这样说来，贵得有道理。当时闽菜主要还是为官宦、商界、文化界和小部分中产者所消受。诸如香糟响螺、冬菜梅鱼、炸黄鱼枣和清蚌肉等典型传统闽菜菜肴，也深受他们青睐。比如，梅鱼就是福建人钟爱的一种肉质细嫩的淡水鱼，用酸菜和梅鱼烧汤，为古代闽人的杰作。清郭柏苍《闽产录异》书里就记载："梅鱼以姜、蒜、冬菜、火腿炖之或红糟、酸菜、雪里红煮之皆美品。"

进闽菜馆有秘籍

民国时期著名美术家、连环画家潘勤孟在《谈闽菜》文中提到，闽菜特色在于材料广取海鲜，而煨的功夫胜于别地，所以对鱼翅、虾、蟹、江瑶柱之类的烹饪，有独到之处。说起曾经在福建长乐林贻书老先生那里吃鱼翅的经历，他记忆尤为深刻："每根翅肥腴和象牙筷相等，用口轻轻一吮，不须咀嚼，便滑入肠胃深处……

1949年3月10日《铁报》上刊登的潘勤孟《谈闽菜》一文

做一盆鱼翅必须三天，林府大司务后来替蒋及人服务，又替邵式军服务，其拿手菜为煨鱼翅与鱼圆，我都尝过，端的与众不同。”

与闽菜馆耳鬓厮磨日久，行走于上海滩的雅士们除了在口味上有感，也总结出不少上闽菜馆子的独家秘籍来。

“入闽菜馆，宜吃整桌，十余元者八九元者，经酒馆中一定之配置，无论如何，大致不差。即小而至于两三元下席之便菜，亦均可吃。若零点则往往价昂而不得好菜。”1923年民国著名报人严独鹤在《沪上酒食肆之比较》里分享了他的闽菜馆食经，他劝人们“入闽馆勿吃零点菜”，这乃是他的经验之谈，“尝应友人之招，饮于小有天，主人略点五六味，皆非贵品，味亦不佳。而席中算账，竟在八元以上，不啻吃一整桌，论菜则不如整桌远甚”。

也就是说，吃整桌闽菜远比零点更为划算，也能多品尝一些特色好菜，这跟现在的人们下馆子的习惯大异其趣。事实上，囿于当年的整体供应能力，加上对客群消费习惯的把控，闽菜馆子将好菜集中于整桌宴也有其道理，虽然对于散点的人来说，在价格方面算不上友好，但毕竟呼朋唤友来下馆子要整桌宴的是消费主力，自然要“资源倾斜”一些。像鲁迅在日记里很多次提到的闽菜馆就餐，同席的经常都是10人以上，12人或15人更是常态，可见经营者与消费者之间，彼此也达成了更美味而经济的默契。

除了肴馔有特色，福建是产茶大省，闽人大多嗜好喝茶，所以闽菜馆里自然是少不了以茶来待客，这又成为闽菜馆的另一个卖点。潘勤孟曾说："或以为闽菜份量太多，胃口小的吃不光，此实似是而非之论。原来福建人大排场酒筵，每道菜必附敬铁观音一盅，铁观音消蚀力……不但不会胀满，有时且越吃越饿！"民国上海的一些闽菜馆里，的确有提供铁观音茶，"奉送香茗，随意小酌"，茶香、菜香、酒香相得益彰，如潘氏所言，铁观音之"消蚀力"强，或有提升营业额之功能也未可知。

堂食之外，上海的闽菜馆也有方便的外卖服务提供。鲁迅在日记里就提到，他有时候会从中有天叫外卖，比如1930年2月15日晚，"从中有天呼酒肴一席请成先生，同坐共十人"，十人的菜肴，已经相当于家宴的规模。而在福州、厦门，当时几家较大的闽菜馆比如聚春园、苑香居等也提供上门服务，很多时候连带餐具甚至桌子、椅子，都可以一起送到顾客家里，也可派厨师携带原材料上门烹制。

风水轮流转

据《近代上海饭店与菜场》考证，闽菜"沪漂史"可以追溯到晚清，但闽菜馆在上海的兴盛是在民国以后。辛亥革命之后，各省士绅皆避乱于上海，聚会需求大增，由是，"闽菜馆之名大噪。士大夫商贾之请客者，意非此种菜馆不足以表盛馔。每筵之价，需十金以外”。1919年陈伯熙的《老上海》等书里也记载了民国初年，上海遗老丛集，常常在小有天、别有天等闽菜馆流连聚会的场景。

闽菜馆的命名里，似乎对“有天”二字情有独钟，有人说是“别有洞天”的寓意。当时在上海以“有天”命名的著名闽菜馆除了小有天、别有天、中有天、受有天，还有闸北宝山路的新有天等。《郁达夫日记》记载，1928年3月初的某个春光明媚的中午，郁达夫在追求王映霞时曾请她在那吃过饭，想来闽菜馆的菜肴也为郁达夫的浪漫爱情故事起了某种催化剂的作用。

闽菜馆中若论资格，以小有天为最老，声誉亦最广。别有天地位颇佳，当时虽易主，但其出品的肴馔仍是闽版，由于它的经理来自小有天，借此别树一帜，故别有天之牌号，可谓名副其实。而中有天则设于北四川路宝兴路口，在闽菜馆中可谓后进，虽然地理位置偏仄，但是经营情况一直不错，甚至有一段时间小有天也颇受其影响。据时人考证，旅居上海的日本人多嗜闽菜，原来小有天的座上客多是“木屐儿郎”，但自从中有天开设后，这部分日本人因为聚居地离四川路一带更近，于是小有天的一部分东洋主顾在无形中被中有天夺去。

资格最老的小有天闽菜馆，一直以来传说故事最多。清末翰林李梅庵于民国初年携眷寓居海上，改作道人装，自号“清道人”。

他是小有天的常客，有人赠他一副对联："道道非常道，天天小有天。"此联朗朗上口，不经意间成了菜馆很好的宣传词。

李梅庵能画几笔文人画，他还有一些菜肴的画品，传说当年被挂在小有天作装饰用。据传，有一次，他到小有天进餐，馆役请他点菜，李一开始默不作声，又命取来一张白纸，把所要的菜肴一一画了出来，让馆役照单配制，后来菜馆干脆把这幅画加以装裱，作为壁间的点缀品，遂传为一时之佳话。如今看来，李梅庵也算得上当年上海闽菜馆品牌宣传的文案和设计达人了。

不仅如此，达人和雅士之间，也形成了一个闽菜馆的传播链。1914年3月，应李梅庵邀请，民国著名的"湖湘三公子之一"、组庵湘菜创始人谭延闿前往小有天赴宴，在他的日记里记载："俞恪士、寿丞、张子武、吕无闷、大武及三儿均在。李开四十年陈酒，色如金珀，味淡而永，不愧佳酿，菜亦甚精。于是小有天之拿手菜，鳊鱼、五柳鱼、香椿鸡、捶笋皆尝遍矣。"

近代诗人、时任商务印书馆协理李拔可也曾邀请谭延闿到中有天就餐，同席的还有梅兰芳等大咖。李拔可是福建人，所以重要宴请安排在闽菜馆中有天，自然也是颇有面子的。自此，谭延闿也对小有天和中有天情有独钟。

当时还有一些闽菜馆走融合菜路线，如位于三马路大舞台西首的大新楼，主营川菜的同时也兼有闽菜、镇江菜等，午晚餐添特别客菜，奉送香茗，改组后除了大菜间包办宴席之外，还设有小吃部，在当时算是别开生面。

民国时期，闽菜在沪上的繁荣延续了20多年。到了20世纪30年代以后，小有天等几家仍然享有一定的声誉，但因为粤菜馆、川菜馆的势力日增，到了40年代，上海市区便越来越难觅闽菜馆的印迹。潘勤孟在《谈闽菜》一文里有这样的感慨："福建菜别成系统，此为不争之事实。民国初年，清道人、林贻菁在上海提倡闽菜，一时'小有天''陶乐春''共乐春'等纷然崛起，是为闽菜极盛时期。但盛极必衰，自然之理，洎后粤菜取而代之，川菜本帮菜平津菜又取粤菜地位而代之；二十年来，变化真够繁复了。"

华灯初上，伴着清鲜的各色闽菜，席间轮唱昆曲，至钟鸣十点，始尽欢而散。百年前，上海闽菜馆里的曲子反反复复地吟唱，茶壶里的铁观音热了又凉，凉了又热，仿佛在诉说着鲁迅、谭延闿、郁达夫、梅兰芳、李梅庵们所亲历的那个沪上闽菜馆的花样年华。

20世纪二三十年代开始，
“五口通商”后，巨大的商流与人流涌入开埠后的厦门，
浓郁的闽南风情、南洋风味的融合，
加上中西合璧的烹饪技艺，
民国时期厦门的小吃名点、名店不断涌现。
当时美食家、民俗学者和史学家都不惜笔墨谈吃谈喝，
谈着谈着，也留下了一些趣事怪事来。

趣事怪事里的民国“小食光”

“厦门人对于吃是专心致意的，因为专心致意，于是，他们也就深深地体味到吃的艺术的意味了。”这是1947年，当时福建知名的艺术家、美食家林俊德在《吃的艺术》一文里对厦门小吃的回忆。

20世纪二三十年代开始，正是对于今日厦门小吃风味和格局影响最大的时期。“五口通商”后，巨大的商流与人流涌入开埠后的厦门，其时，浓郁的闽南风情、南洋风味的融合，加上中西合璧的烹饪技艺，在厦门人和海外华侨华人的共同努力下，民国时期厦门

的小吃名点、名店，留下了一份独特的时代记忆。在1947年的《新加坡厦门公会十周年纪念特刊》一篇名为《食在厦门》的文章中，作者笙瑶也不无自豪地说："战前厦门的食品店和食品摊，可称集全闽著名食品之精华，凡到过厦门的人们，都有口皆碑……"

那个时候，很多美食家、民俗学者和史学家，在20世纪三四十年代的《厦门指南》《厦门工商业大观》《厦门大观》中，都不惜笔墨谈吃谈喝，谈着谈着，也留下了一些趣事怪事来。

美人饼中真有美人

早在民国初年，厦门就有一些店铺和小摊在制售薄饼，有名的当数后路头的玉仁师傅和赖厝埕的义记薄饼，后来大同路关隘内叶治母女经营的薄饼也很有名气，因为女摊主和她的女儿都面容姣好，而她家的薄饼也确实美味，便被称为"美人薄饼"。

无独有偶，厦港"鱼行口"和二舍庙也分别有名声大噪的美人饼和美人肉饼。美人饼其实是一家北仔饼店，店里有位芳龄二八的少女，据说经常在店里的窗口托着香腮，若有所思。所谓北仔饼，就是从北方传到厦门的烧饼，但厦门人对其加以改良，在中间夹入花生酥、肉松、酸甜萝卜丝等，民国时期在厦门是相当流行的小吃，直到现在老市区里还有一些北仔饼的老店或老摊。

当时这家饼店的不远处就是一个车站，人流量大，上下车的人

民国时期厦门的小吃摊（陈亚元收藏）

经常可以看见窗口的少女，久而久之，大家也就把店里的北仔饼称为美人饼。

一天，有位等车的乘客闲极无聊，故意大喊：“吃北仔饼，看北仔女！”没想到店主听到勃然大怒，从店里追出来与之理论。幸亏这时车刚好到了，那个乘客见势不妙，赶紧跳上车溜之大吉。不过，这场和美人饼有关的风波却被当时的报纸记录下来了，成为坊间一则趣事。

鱿鱼是用来贡的

在旧笔墨中的旧时光里，有些记录还是自带音效的，比如贡鱿鱼。

鱿鱼，在厦门俗称“柔鱼”，听起来就像闽南话柔柔的语调。

“柔鱼”，虽然不是鱼，却和文昌鱼、江鱼一起并列为厦门早期的“三大名鱼”。厦门的本港鱿鱼以个大、肉厚，质地甘美、脆嫩著称，无论是鲜鱿鱼还是鱿鱼干，生炒、做汤或直接烤，都是风味俱佳。

如今，在厦门的曾厝垵、鼓浪屿等热门旅游地，经常可见到拿着大串烤鱿鱼边吃边走的游客，但或许他们并不知道，民国时期的贡鱿鱼是更霸气的一道小吃。

这个“贡”不是通常意义上的“上贡”“进贡”的意思。在闽南语中，“贡”就是“捶”或者“敲”的意思，细品之下，这个字确实有一种音效——挑选个头适中、肉厚鲜嫩的鱿鱼，抹上山茶油，放在铁丝网上，烧旺木炭烤熟后，在案板上以木槌纯手工反复敲打成薄片，在有节奏的敲打声中，鱿鱼逐渐变得疏松，便可以撕成条状，进而再撕成丝，再蘸蒜蓉、橘汁、酸辣酱、醋等配料，是下酒的佳品。

有这样的贡法，也源于闽南渔民一天劳作后的消遣。回到家里，一边贡鱿鱼，一边倒上一杯高粱酒，跟家人邻居话仙（聊天），这样一种“贡贡贡”的声音，有如一种独属于讨海人的小夜曲。

民国时期以来，以思明北路猫车（麻车）的贡鱿鱼最为出名，这项手艺传承至今，已被列入厦门市非物质文化遗产名录，其传承人也常常进到社区、学校展示和教授“贡”法当中的秘诀，成为今日闽地饮食文化非遗传承的一道特别景观。

鸡蓉面里没有“鸡”

20世纪20年代，厦门曾经出现过一种叫鸡蓉面的著名食品，属于当年的流行美食之一，系以上等面粉为主要原料，加上生油、番薯粉和食盐拌制为细面线，然后油炸而成。它也被称为鸡丝面，用开水冲泡后即可食用，也算是最早的方便面之一了。

看原料就知道，鸡蓉面里并没有“鸡”，但因为炸制后的面泡上热水，颇有些鸡汤的口感，于是人们也并没有觉得“鸡蓉面”这个名字有违和之感。

当时开元路上的冠德和水仙路陶园两家大酒楼都经营这种鸡蓉面，产品还远销上海、苏州、宁波和广州乃至南洋地区，深受食客欢迎。1922年上海《申报》上就曾刊登过陶园分销处的鸡蓉面广告。

民国时期陶园酒楼的鸡蓉面广告

在民国老广告旧影中，冠德酒楼鸡蓉面的广告语是“旅行第一，滚水泡下，甘芳适口”，从广告语可见，这款产品主打的客群是旅行客人，当年的“上班族”还没有加班吃泡面的习惯，更多的是南来北往的生意人，在步履匆匆的生涯里，不舍得或者没有时间下馆子吃碗面，这样方便的鸡蓉面，亦可慰藉风尘仆仆中的饥肠。

粤式和闽味点心的小默契

民国时期厦门的许多酒家，流行以盘菜大菜和特色点心相结合的模式来经营。而论起点心，粤菜馆子的各种包子功夫最为了得，比如中山路广益酒家和陶园的大肉包，以皮甜肉咸、配料多样而闻名，其中最受欢迎的是叉烧肉包。

当时粤菜馆在厦门与闽菜馆可谓旗鼓相当，同行之间竞争也颇为激烈。位于思明南路的广州酒家大肉包也加入这场“点心大战”，别人是“皮甜肉咸”，它则主打“皮甜肉香”，一字之差，对当时的吃货们却产生了极大的诱惑力，广州酒家于是趁势而上，烧卖、酥角、虾饺和豆蓉莲花包等点心，也风行一时。

而本地点心倒也气定神闲，只专心深化自己的优势产品。民国时期的《厦门指南》上记载的闽味糕点有绿豆糕、雪片糕、五色糕、瓜子糕、四目糕、茯苓糕、橘黄糕、满煎糕等，其中位于土堆巷的海记绿豆饼，将绿豆炒后磨得细细的做馅料，加糖后蒸熟，入口冰凉又香甜；打铁路头的雪片糕，口味和质量都堪称上乘，入口即化，绵柔甜软。

在春节等节日前后，扮演主角的则是各种龟粿。名为“龟”，是由于形似龟状，一般是包有馅料的；“粿”在闽南方言里通“果”，就是蒸出来的各色米糕。闽南民俗里认为龟是“福禄寿喜财”的象征，所以在食俗里龟粿有很重要的地位。

作为闽南主要特色之一的粿品有甜粿、发粿、凉粿、老鼠粿、塌头粿、凉发粿、烧糖粿、白破粿、红牵等各种龟粿，其中不少是节日祭祖必备之物，平时也很受欢迎。当然，每逢祭拜时节，粤式点心自然默契地退避三舍，不会也不可能抢本地人虔诚信仰的风头。

以地名“冠顶”的深夜食堂

夜色渐深时，民国厦门的各路美食家们集体出动寻觅的小吃，则具备了很强的地名属性。这些当年的“深夜食堂”，通常因地名而被熟知，也使这些地名成为某一种小吃的代言。

按照美食家们的记载，那时的咸味名小吃有洪本部泉三珍、刽狗墓肉粽、陶园大包、佑福宫芋平、木屐街薄饼、怀德宫面线糊、南寿宫五香和虾丸汤、打铁街芋包、福寿宫水饺面；甜味的则有刽狗墓崎仔脚面茶、水仙宫马康然西饼、二舍庙花生汤、十六崎脚陈珠麻糍等，皆是当年厦门有名的食品。

龜粿　七〇

龜粿或米製。或以麪製。壽慶婚喪等事必需之祭品也。祭畢。則以之分饋戚友鄰人。用途甚大。故業此者頗多。隨處均有。其品類如下。價目視大小而定。

發粿	喪喜通用	米製
甜粿	喜事用	米製
鹽粿	年糕	米製
筆粿	事神用	麪製
碗糕粿	普通食品	米製
福全龜	壽誕用	米製
雙頭龜	壽誕用	麪製
單頭龜	陰壽用	麪製
米糕龜	上元日用	米製
紅圓	喪喜通用	麪製
紅牽	事神用	米製
麪桃	生女用	麪製
包仔	事鬼用	麪製
饅頭	喪事用	麪製

1931年《厦门指南》对龟粿的记载

这里单说“刣狗墓”这个骇人的名字，“刣”字在闽南语中就是“杀”的意思，20世纪二三十年代厦门开埠前后，也就是早期的城市化进程开启前，各种野狗横行，它们被捕杀后便葬在一个集中的地方，久而久之，这里便成了刣狗墓。然而听起来有点血腥或恐怖的地名，却挡不住人们对这里肥硕的肉粽、甜腻的面茶的狂热喜爱。

这种感觉一直延续到20世纪80年代，有段时间，厦门的某些公厕附近常常分布有知名的小吃店或大排档，所以人们也习惯呼朋唤友去某个“公厕排档”炒两个菜喝几杯烧酒。想来也是合理，早

熱食雜品

大洋每元十二角每角二十片

蠔仔糜	每碗五片加肉或油炸粿另算
麪線糊	每碗五片加猪腸另算
蠔仔麪	每碗七八片加料另算
炒米粉	每碗五六片加肉每塊二片
芋包	每箇五片或十片
肉包	每箇五片十片一角不等
煎包	每箇六片包牛肉者四片
饅頭	每箇四片
燒餅	每箇四片
鍋貼	每箇四片須特做起碼二角
餃子	每箇四片(上四種北洋人所賣)

厦門指南　等

1931年《厦门指南》介绍的热食杂品

年的小店未必有单设洗手间，而多喝几杯难免要多跑厕所，也算是一种很妙的搭配。这就好比《镜花缘》中提到的“无肠国”，一家吃店的旁边必是一个厕所，这个国度里的人都没有用以消化的肠道，吃完就如厕，如厕完再吃，循环往复，也算得上妙趣横生。

在那些过往的岁月里，
五花八门、各显神通的贩夫音号，
常年响彻闽南的大街小巷，
还真“喊”出了不少延续至今的闽南知名小吃。
如今，这些充满生活趣味的古早市声，
这些摊贩和挑售者生动的有声广告，
与人们的生活渐行渐远，
每每念及，
不免让人有些许的惆怅。

渐行渐远的闽南古早市声

“听见门口卖臭豆腐干的过来，便抓起一只碗来，噔噔奔下楼梯，跟踪前往。”当年，张爱玲回忆自己在上海的时候，住在临街公寓楼，听见买东西的市声，就赶紧奔下楼去买臭豆腐干，或者结绳垂下饭盒去买汤面或云吞。

其实在同一时期，闽南的一些老街巷，也都有本地特色的有腔有调、韵味悠远的叫卖声，而且各种叫卖声约定俗成，各有风味。

小贩们一喊，人们就秒懂了！1947年版的《厦门大观》里，就曾详细记录了猪肉摊、鱼丸摊、馄饨面摊、卖饴糖等各式营生中丰富多彩的贩夫音号。

走街串巷的“说唱艺术”

早年的闽南，肩挑的小贩们走街串巷，大家习惯唤他们“走街仔”，别小看这些人，他们可算是行商销售的“说唱艺术家”——为了招揽生意，他们经常走一路、吆喝一路，而且经常人未到声音先到，他们吆喝出来的各种叫卖声，根据所卖的商品不同，有不同的专属含义。除了长短节奏不一的口头吆喝，有的还用各种别出心裁的器具敲击声、乐器吹奏声，使得街巷里满满的都是生活艺术的交响曲。

这些走街串巷的小贩，卖的大多是蔬菜、食品、点心，也有的卖一些小百货、日常用品，他们“讨生活”勉力而勤奋，从清晨到深夜都可以看到他们的身影，听见他们令人垂涎三尺的叫卖声：

“烧甲脆的油吃粿，透早时，配安糜！”

“涂豆仁，酥搁香，哟喂噢！”

一大清早，卖油条、卖荷仁豆和涂豆仁（花生）的小贩们开始此起彼伏地引吭高歌，小囡仔们被叫醒，有如一个个小张爱玲，抓起零钱就冲出门去！

七・販夫音號

本市各項販夫，分攤擔與挑售；或穿街掠巷，爲欲使消費者知所問津，各就所售貨物，高聲叫賣，間亦不少利用各種樂器或音響，以代標幟，俾深居者聞門外某種音響，立可辨知所售何物。茲將各種聲音代替某物之叫賣，分別列下，俾新來廈者知所辨識。

賣豬肉　吹螺或吹牛角。
賣雜貨　旋搖鼓。
賣魚丸湯　用調羹匙敲碗作響。
賣龜粿甜　敲鐘仔作響。
賣甜橄欖　吹小喇叭。
賣「土筍」凍　吹笛子。
賣餛飩麵　竪搖小鑼。
賣飴糖　敲小鑼。
釘銅匠　以鐵板瓦盤發聲
閹豬、鷄　吹竪笛

1947年《厦门大观》记录的贩夫音号

“油吃粿”是闽南人对油条的昵称，吆喝的意思是：又热又脆的油条，早上配稀饭最好了！而卖花生的小贩则在“又酥又香”的广告词后面，加一个语气词，更具撩动食欲的煽动性。

清早的一拨吆喝高峰期过后，到了八九点钟，又有更多的小贩们接踵而来加入“大合唱”。

“卖油卖豆腐呦！”

“卖蚝，卖蚝，蚝仔肥箭箭，昨晚割一暝，生尺搁清气！”蚝就是海蛎，肥而大的海蛎，是渔民们连夜从生蚝壳里割出来的，强调的就是一个新鲜和干净。

“高丽菜，卡水旦啦，要买着来看啊！”不消说，闽南话的“水”就是漂亮，高丽菜在吆喝声中也变得妖娆了起来。

“桃子真便宜，一个八占钱啦，要买紧来试，不买是无时！”闽南话的“占”是“分”的意思，桃子按个算钱，一个八分，在当时也不算贵，这个有点属于饥饿营销的意思了。

小贩们的创造力很强，卖什么吆喝什么，而且喊唱相结合，高低起伏有调子，很多时候还很有针对性，喊将起来，朗朗上口，像极了快板说唱：“涂豆仁，孩子吃着会聪明；涂豆仁，大人吃着有精神！”

“来买咸酸甜，吃着生后生！”所谓“生后生”，就是生男孩子的意思，也不知道这背后有怎样的“科学依据”，但听起来就是爽，就是有诱惑力。

有的时候，卖咸酸甜的小贩们，也可以不吆喝，只需背着一个长木箱，木箱上装着玻璃，从外面就可以清楚地看到木匣里装着青果豉、咸金枣、酸梅、盐橄榄、蜜阳桃等，那些小后生们只要瞄一眼，口水便自动流出来，脚步就再也移不开了，赶紧央求大人给他们买一点解解肚子的小馋虫。

烟火人间的“音乐家”

“说唱”是一景，街巷的烟火人间里也少不了小贩“音乐家”。他们来到街巷里，把木箱子放在支架上，慢悠悠地解下腰上别的唢呐，“嘀嘟嘀嘟嘟”吹奏起来。也许吹得不算专业，但这丝毫不影响它的魔力，唢呐声一响起，馋虫再次集体出洞。

喜欢用乐器吆喝的，还有卖土笋冻、卖油葱粿、卖麦芽糖以及卖猪肉的小贩，不过他们用的乐器各不相同。

20世纪30年代，厦门被称为“笛仔仙”的陈金水土笋冻就颇有名气。据说他每次出摊，都会吹着横笛招揽客人，成为一道独特的景观。一直到80年代初，中山路的人行道还有一个卖土笋冻老人的笛声，据说每天从街头响彻到街尾，人送外号“韩仙子”。

而卖麦芽糖的小贩则喜欢手里拿着巴掌大小的锣，边走边沿途敲打，“当当”的锣声起伏有节奏，闽南的《漳州杂诗》里有一句“最是清和城市里，锣鼓声卖麦芽糕”，说的就是这个场景。而熟悉这个声音的人还知道，如果你细细听，能从锣鼓声中听出闽南话“麦芽糖”三个字的音调。

在漳州的一些沿海村落里，叫卖猪肉也有用吹竹管或吹海螺来招徕客人的，在沿海地带，海螺唾手可得，而且“嘟嘟嘟”的声音很清澈响亮，吹螺卖肉，这种组合虽然无法考证其源起，但听习惯了，懂的人都懂。

为了能吸引顾客，流动小贩们使尽浑身解数，各种器具纷纷上场竞演，特别是到了晚上喊累了，干脆玩起“摇滚”来。卖糖角的小贩，用制作糖角的小刀具和小铁榔互相敲打，发出有节奏的“铿铿铿”响声；卖油柑串的大娘往往会把长长的竹签放在大铁罐里上上下下摇动，发出隆隆隆的声音；卖冰棒、石花冻的会带上一个小铜铃，边走边一路摇铃……

还有一些卖熟食的担贩挑着炉火通红、马灯闪亮的担子，找到一个地方放下担子，就会顺手用汤匙敲碗，敲出一串串清脆的声音，厝边头尾的人们就知道卖鱼丸汤、扁食汤的来了。如果是竹板声响了，那一定是卖熟面的。

假如没有汤匙声，也没有竹板声，只有锅铲一直在有节奏地敲着煎锅——“当当当”，那一定是蚝仔煎来了，赶紧备好盘子，并提前想好加芫荽或者不加，因为随着煎锅敲响，担子前可能已经要大排长队了。

贩夫音号里的“清明上河图”

在那些过往的岁月里，五花八门、各显神通的贩夫音号，常年响彻闽南的大街小巷，还真“喊”出了不少延续至今的闽南知名小吃，比如土笋冻、油葱粿、烧肉粽、茯苓糕、扁食汤等，由此形成了一幅闽南风情十足的“清明上河图”。

当然，这些叫卖声里也有一部分不是饮食类，而是生活必需的老手艺、老行当。从清晨的“收屎尿”到日常的“酒干倘卖没”（收酒瓶）、收鸡毛破烂；从“补伞修衣服”“箍桶修理锅”到“绑笼层”（修补蒸笼）、“磨剪子戗菜刀”、“掠龙”（按摩）等，不一而足。

闽南孩子记忆里，还总有一种由一长串的铁丝串着铁皮发出的“恰恰恰”声，这个声音不是“手动挡”，而是“自动挡”，打钥匙的阿伯一边走，铁丝和铁皮就自动琴瑟和鸣。而住在小城镇孩子，也经常会想起另一种悠扬的小竹笛声，通常是一位中年大叔腰间别着一大串看起来很厉害的工具，间或吹一下竹笛，这就是会“阉公猪”“阉公鸡”的师傅来了，碰上阉鸡现场，小孩子最爱围观，手起刀落，看得惊心动魄，并对大叔充满了无限的崇拜，把他幻想为武艺高超的武林大侠。

如今，这些充满生活趣味的古早市声，这些摊贩和挑售者生动的有声广告，与人们的生活渐行渐远了。尽管一些新落成的仿古街区，还会有表演性的类似场景，但没有了真实的情境，反倒让人增添了些许的惆怅。

后 记

每一帧岁月里的舌尖芳华，都关联着一部独特的烟火人间“断代史”，都是历史与人文有滋有味的“横截面”。有幸受团结出版社之邀撰写本书，得偿夙愿，与有荣焉。

民国时期，福建作为东南沿海的省份，上承中国古海上丝绸之路的浩瀚征程，下接时代波澜壮阔的剧变，此间的政治、经济、社会与人文，那些在大历史篇章中留下的“食记”，映射于三餐，铺展于四季，或激昂，或沉静，或妙趣横生，或风味万千，也在闽菜文化发展史上留下不可多得的印记。

今人“尝”旧事，要的总是原滋原味。为此，笔者在此前日常研究和写作的基础上，进一步查阅了可谓“数量庞大”的书籍、史料、民国及当代的刊物、文献、档案资料，虽案牍劳形，然所得颇丰。同时，更注重对相关民国名人的后人进行细致的访谈，并尽可能全面地考察和调研相关的博物馆、纪念馆与名人故居，去寻找历史留下的雪泥鸿爪，发幽探微。

在资料的考证过程中，蒙各界方家指点和闽菜餐饮业界的鼎力支持，亦力求与闽菜餐饮业发展的最新趋势有机结合，能让诸项民国“食记”有更多的当代传承，能对当下有更好的启迪。值得一提的是，在本书的相关篇章中，综合了笔者已得到学术界、文化界和饮食界认可的考证内容，包括已经在全国政协《纵横》杂志、广东政协《同舟共进》、世界中餐业联合会《餐饮世界》等权威刊物上发表的文章，根据最新考证和调研成果，加以必要的优化。

复想起同仁堂中那一副经典对联，“炮制虽繁必不敢省人工，品味虽贵必不敢减物力”，撰写此书，也如集历史、时代与人文的丰繁“食材”，与同好诸君共同精细烹饪一席“时光盛筵”，其妙处不可尽言，愿与读者共飨。

在本书撰写的过程中，得到了福建省商务厅、福建省餐饮烹饪行业协会、福建省闽菜技艺研究会、闽都文化研究会、福建省闽南文化研究会、民盟厦门市文化委、福州市商务局、厦门市商务局、泉州市商务局、福州市餐饮烹饪行业协会、厦门老字号协会、厦门市食品安全工作联合会、厦门市餐饮行业协会等相关部门及协会的大力支持，周松芳、李登年、马健鹰、刘立身、何丙仲、林山、陈悦、饶满华、曹放、徐强、刘岳、林燕颐、简国红、李佳、林志强等诸位专家学者，童辉星、程振芳、翁贵明、黄履冰、陈德美、郭仁宪、罗世伟、姚建明、林水俤、陈伟杰、郑耀荣、陈淑婷、朱其琴、廖家琳、郭可文、何萍萍等餐饮业界及厨界先进，为本书的史料资料的收集、查找和采访提供了诸多便利，收藏家陈亚元、紫日等提供了珍贵的历史图片，谨在此一并致谢！

本书亦要特别献给我们的恩师、文史专家洪卜仁先生。洪老于八闽饮食往事追寻及研究一直不遗余力，言传身教，著述甚丰，而今虽斯人已逝，亦以此告慰先师，自当传承夙愿，步履不停。

囿于时间和水平，在撰写过程中，错漏与不足之处亦在所难免，敬请专家和读者不吝批评指正。

犹记得，在电脑上敲完本书的最后一行文字时，是长夜将尽的黎明时分，楼下传来的是晨起早炊的气息，那些刚刚写过的活色生香，由脑海而至舌尖，飘过，留驻，耐人寻味。复想起或许有更多的故事尚待发掘，未及记录，而此去经年，我们依然愿意和所有热爱中华饮食文化、热爱八闽食事的人，共赴一场场时光的美味之约，再叙一席席人间的离合悲欢。

2024年5月